Wie ist die Bevölkerung über Säuglingspflege und Säuglingsernährung zu belehren?

Ein Wegweiser für Ärzte, Behörden und Fürsorgeorgane

Von

Professor Dr. Leo Langstein

Direktor des Kaiserin Auguste Victoria-Hauses zur Bekämpfung der Säuglingssterblichkeit im Deutschen Reiche

Zweite
umgearbeitete und erweiterte Auflage

Springer-Verlag Berlin Heidelberg GmbH 1917

Alle Rechte vorbehalten.

ISBN 978-3-662-31753-2   ISBN 978-3-662-32579-7 (eBook)
DOI 10.1007/978-3-662-32579-7

Herrn Geheimen Obermedizinalrat

Professor Dr. Dietrich

in Verehrung zugeeignet

vom Verfasser

Vorwort.

Das Thema „Wie ist die Bevölkerung über Säuglingspflege und Säuglingsernährung zu belehren?" habe ich auf dem in Berlin im Jahre 1911 stattfindenden „Internationalen Kongreß für Säuglingsschutz" zum erstenmal behandelt. Internationale Kongresse werden wohl nicht mehr sobald zustande kommen; aber das Thema, das auf diesem Kongreß besprochen wurde, wird kaum jemals mehr aus der Diskussion jeder einzelnen Nation verschwinden; denn nach dem Kriege, der unersetzbare Menschenverluste gebracht hat, wird jede Nation gezwungen sein, für die Stärkung ihres Nachwuchses so schnell als möglich zu sorgen. Einer der Wege ist — darüber kann kein Zweifel bestehen — die zweckmäßige Belehrung der Bevölkerung über Gesundheitspflege, über Kinderhygiene. Diese Belehrung muß vertieft, muß allgemeiner werden. Mittel und Wege dazu sind in vorliegender kleiner Schrift, deren Inhalt wohl mehr als früher Ärzte, Behörden, Fürsorgeorgane interessieren wird, angegeben. Jede einzelne Methode ist gestreift bzw. kritisch besprochen. Ich hoffe, daß derjenige, der Fürsorge treiben will, in diesem Buch den erwünschten Rat findet. Besonderen Wert lege ich auf die obligatorische Einführung des Unterrichts in der Säuglingspflege in die Schule. Dieser Gedanke, der noch vor wenigen Jahren nicht allzu freundliche Aufnahme fand, beginnt sich heute mehr und mehr durchzusetzen. Ich habe deswegen noch einmal zusammengefaßt, was für den Unterricht in der Schule spricht, und hoffe, daß die Behörden sich meinen Ansichten nicht verschließen werden. Ich habe im Gegensatz zur vorherigen Auflage davon abgesehen, im Anhang verschiedene Lehrpläne zu bringen, ich halte das nicht für notwendig. Wir werden in den nächsten Jahren in der Praxis die Erfahrungen sammeln, wie sich der Unterricht am zweckmäßigsten zu gestalten hat; dann wird die Zeit sein, einen genauen Lehrplan zu geben. Heute ist nur die Aufstellung der Grenzen nötig, innerhalb deren sich der Unterricht zu bewegen hat. Das Wichtigste darüber findet sich in den Ausführungen, die ich gemacht habe. Hingegen erschien es mir wünschenswert, im Anhange etwas Literatur über die bisherige Art der Volksbelehrung zu geben. In den nachgewiesenen Schriften wird der Leser manches im einzelnen finden, was ich nur oberflächlich streifen konnte.

Langstein.

> „Unserem Nationalvermögen gehen unzählige Millionen verloren durch Mangel an wirtschaftlicher Ausbildung der Frauen in allen Ständen. Deshalb muß grundsätzlich jedes junge Mädchen dasjenige lernen, was es als Mutter und Hausfrau braucht."
> Zimmer.

In seinem auf dem Internationalen Kongreß für Hygiene im Jahre 1908 in Berlin erstatteten Referat hat der um die Organisation des Deutschen Säuglingsschutzes hoch verdiente Geheime Ober-Medizinalrat Professor Dr. Dietrich seinen Gedanken über die Bedeutung der Fürsorge im allgemeinen mit folgenden Worten Ausdruck gegeben: „Die allgemeine Fürsorge hat davon auszugehen, daß alle Maßnahmen zur Hebung des Allgemeinwohles nur dann zur vollen Wirkung gelangen, wenn sie in der Bevölkerung das erforderliche Verständnis finden, wenn die breiten Schichten des Volkes über die Zweckmäßigkeit und die Absichten des Vorgehens ausreichend unterrichtet sind; deshalb muß sie in erster Linie die Belehrung der Bevölkerung anstreben."

Gerade der Aufklärungsarbeit, welche die zielbewußte Bekämpfung der Säuglingssterblichkeit nicht entbehren kann, bringen heute glücklicherweise die weitesten Kreise unseres Volkes ein vor dem Kriege leider nicht in der wünschenswerten Weise vorhanden gewesenes Verständnis entgegen. Daraus leite ich nicht nur die Berechtigung, sondern auch die Notwendigkeit her, den Wert der bisher üblichen Maßnahmen zur Belehrung der Bevölkerung einer Kritik zu unterziehen, zugleich aber Vorschläge zu machen, in welcher Richtung solche erweitert bzw. auf einen festeren Grund gestellt werden könnten, als er heute gegeben ist.

Die hohe Säuglingssterblichkeit ist eine Erscheinung, der

vielgestaltige Ursachen zugrunde liegen. Fast bei jeder einzelnen läßt sich durch gründliche Untersuchung erweisen, daß eine Teilursache der Mangel an Wissen über die einfachsten Grundsätze der Ernährung und Pflege bei den Müttern ist. So ist, um nur einiges herauszugreifen, der Rückgang des Stillens nicht etwa eine Naturnotwendigkeit, nicht etwa hervorgerufen durch zunehmende Entartung der Rasse, sondern zu einem großen Teil bedingt durch mangelnde Kenntnis über Art und Wert der Stillung, durch falsche Anschauungen über die Entwicklung des Säuglings und seinen Nahrungsbedarf, nicht zuletzt durch Irrlehren, die leider vielfach ihren Weg in die Kinderstube finden. Auch sind Mangel an Sorgfalt bei der Behandlung der Tiermilch, falsche Art der Mischungen, fehlerhafte Anwendung der Beikost, Gebrauch von schädlichen Nährpräparaten ebenso schuld daran, daß nur ein Bruchteil der Mütter imstande ist, gesund geborene Kinder gesund zu erhalten, wie die Tatsache, daß die Bedeutung von Luft und Licht, Abkühlung und Erwärmung für des Säuglings Gesundheit und Krankheit von der großen Masse nicht annähernd erkannt ist. Wie gering ist die Anzahl der Mütter, die weiß, daß größte Reinlichkeit in der Körperpflege, Sauberkeit bei allen Verrichtungen, die mit dem Säugling vorgenommen werden, unbedingte Voraussetzung ist für Entfernung schädlicher Keime und die Vermeidung nur zu oft den Tod bringender Infektionen. Schlechte Wohnungsverhältnisse sind sicherlich in nicht unerheblichem Maße an dem Sterben und Siechen vieler Kinder schuld; aber wie oft ließe sich auch unter ungünstigen Wohnungsverhältnissen durch eine vernünftige Wohnungspflege ein gefährlicher Schaden beseitigen; aber über diese Kenntnisse der Wohnungspflege verfügen leider auch nur recht wenige Mütter. Alle, die Gelegenheit haben, die Vorgeschichte der Krankheit eines Säuglings zu erheben, blicken in eine Welt von Unkenntnis und Aberglauben, aus der heraus es zur sinnwidrigen Pflege des Kindes kam, die die Ursache seiner Krankheit wurde.

Keineswegs gilt das nur für Deutschland; so liegen z. B. in England die Verhältnisse ähnlich. In einem von der medizinischen Abteilung der Erziehungsbehörde 1910 herausgegebenen Memorandum heißt es[1]):

It cannot be doubted that a substantial part of the infant mortality in this country every years is directly due to ignorance and incapacity of the mother respecting the conditions necessary to healthy infancy. In many homes the mother not only does not understand how to manage a healthy baby, but the fails to realise how important

---

[1]) Man kann nicht bezweifeln, daß der hauptsächlichste Teil der Kindersterblichkeit in jedem Jahre direkt auf der Unkenntnis und Unfähigkeit der Mutter in bezug auf die erforderlichen Bedingungen für eine gesunde Kindheit beruht. In vielen Familien versteht die Mutter nicht nur nicht einen gesunden Säugling zu behandeln, sie verfehlt auch zu bedenken, wie wichtig es sowohl von ihrem eignen Standpunkt als von dem des Kindes aus ist, es in einem guten gesundheitlichen Zustand zu erhalten. Die unwissende, ungeübte Mutter nimmt oft an, daß es für alle Säuglinge normal und richtig sei, mehr oder weniger zu schreien, daß sie alle ihre „Zähne mit Bronchitis bekommen", daß sie oft und gewohnheitsmäßig an den verschiedenartigsten Verdauungsstörungen leiden müssen. Sie nimmt an, daß solche Übel selbstverständlich seien; sie hat bezüglich derselben weder Angst noch Verantwortlichkeitsgefühl und bemüht sich nicht um ihre spezielle und eingehende Behandlung. Sie hat wahrscheinlich wenig oder gar keine Gelegenheit gehabt, die einfachsten Regeln der Hygiene zu lernen, die, als Lebensregel behandelt, genügen würden, die Mehrzahl der Säuglinge gesund zu erhalten. Es ist offenbar äußerst schwierig für sie, die Tatsache zu würdigen, daß scheinbar unwichtige Erkrankungen weitgehende Folgen haben können; denn sie hat gewöhnlich nicht gelernt, daß es besser ist, einer Krankheit vorzubeugen, als sie zu heilen, daß sie sich bei ein wenig Pflege und Vorsicht manche Plage und Geldausgabe sparen könnte, indem sie ihr Kind vor Tagen und Wochen der Krankheit und des Leidens bewahrt.

it is, from her own point of view as well as from that of the child, to maintain for it a high standard of health. The ignorant, untrained mother, frequently supposes that it is natural and right for all babies to be more or less constantly crying, that they all „cut their theeth with bronchitis", and that they must frequently and habitually suffer from various forms of digestive trouble. Thus she comes to accept such ailments as a matter of course, feeling but little anxiety or reponsibility concerning them, and seeking no special or particular treatment. She has probably had little or no opportunity of learning the simple principles of hygiene which, if practised as a rule of life, would suffice to keep most babies in health. Moreover, it is extremely difficult for her to appreciate the fact that apparently trivial illnesses may have far-reaching consequences, for she has usually not really learned that it is better to prevent an illness than to cure it, and that by a little care and foresight she may spare herself much unnecessary worry and expense, while she saves the child from days or weeks of sickness and suffering.

In dem englischen Schriftstück sind speziell drei Krankheiten genannt, die durch ausreichendes Wissen in der Kinderpflege verhütet oder wenigstens in ihrem Verlaufe günstig beeinflußt werden könnten: die englische Krankheit, die Sommerdiarrhöe und die Masern. Die Zahl ließe sich wohl vermehren.

Die bisher geleistete Aufklärungsarbeit hat auch nicht annähernd so viel geleistet, daß wir Grund zur Zufriedenheit hätten. Daß der Widerhall in der Bevölkerung fehlt, ist eine berechtigte Klage. Lassen Sie mich deshalb die gegenwärtig üblichen Maßnahmen zur Belehrung der Bevölkerung einer Kritik unterziehen, denn nur auf Grund einer solchen werden sich verbessernde Vorschläge ausarbeiten lassen.

Die große Mehrzahl der Mütter erhält, ohne daß der Boden für eine zweckmäßige Belehrung irgendwie vorbereitet ist, Ratschläge bezüglich der Ernährung und Pflege des Kindes erst nach dessen Geburt; sie erfolgen teils auf dem Wege des gedruckten, teils des gesprochenen Wortes.

Die schriftliche Belehrung erfolgt durch Merkblätter, Broschüren und Drucksachen irgendwelcher Art. In Preußen und anderen Bundesstaaten des Deutschen Reiches z. B. wird vom Standesbeamten jeder Person, die eine Geburt anmeldet, ein Merkblatt ausgehändigt — ein Blatt von im allgemeinen 1—4 Seiten Umfang mit den wichtigsten Regeln über Ernährung und Pflege des Säuglings in leicht verständlicher Form. Aber auch Vereine und Privatpersonen, Ärzte, Hebammen und andere beteiligte Persönlichkeiten, namentlich die in den Fürsorgestellen tätigen, verteilen Merkblätter. Ihr Wert wird verschieden beurteilt. Wir finden in der Literatur alle Abstufungen der Wertschätzung. Neben solchen, die diese Art der Aufklärung verwerfen, sind andere, die dem Merkblatt eine recht bedeutsame Rolle für die Verbreitung vernünftiger Ansichten unter der Bevölkerung zuschreiben. Allerdings gründen sich die Urteile im allgemeinen mehr auf den persönlichen Eindruck als auf Untersuchungen, die den Charakter der Wissenschaftlichkeit beanspruchen können. Es ist darum zu begrüßen, daß in der Anstalt des verstorbenen Kinderarztes Hugo Neumann in Berlin von E. Michaelis zahlenmäßig festzustellen versucht wurde, wie weit von dem gedruckten Wort ein Erfolg in bezug auf die Aufklärung zu erwarten ist. Das Ergebnis ist bemerkenswert. Zwei Drittel (65%) sämtlicher Mütter hatten das ihnen ausgehändigte Merkblatt gelesen. Bei diesen hat es wohl einigermaßen seinen Zweck erfüllt, indem sie sich in der Methode der Ernährung (Häufigkeit der Mahlzeiten, Milchmischungen) danach gerichtet haben. Schäden durch mißverständliche Auffassung seines Inhaltes stiftete das Merkblatt in keinem Fall. Michaelis sah falsche, besonders zu häufige Ernährung bei weitem öfter unter den Frauen, die von dem Merkblatt nichts wußten. Von diesen ernährten 32% die Kinder unrichtig; von denen, die in den Besitz der

Merkblätter gekommen waren, eine viel kleinere Zahl, nur etwa 8,5%. Auf Grund dieser Erhebung ist dem Merkblatt ein Nutzen nicht abzusprechen, selbst wenn die Ergebnisse, was sehr wahrscheinlich, nicht verallgemeinert werden dürfen und z. B. auf dem Lande der Prozentsatz der Lesenden und Nutzenziehenden ein viel geringerer ist.

Damit der Nutzen, den das Merkblatt — wenn auch vielleicht nur für einen sehr geringen Teil der Mütter, aber für einen solchen doch mit Sicherheit — stiftet, sich nicht in sein Gegenteil verkehre, muß es in seinem Inhalt und in seiner Form einer Reihe von Mindestforderungen genügen. Köppe verlangt vom Merkblatt, daß es kurz und vollständig, prägnant, volkstümlich und eindringlich sei; Keller definiert die Aufgabe des Merkblattes genauer folgendermaßen: „Alle Merkblätter müssen eine eindringliche und verständliche Stillpropaganda und ausführliche Belehrung über die gesamte Technik des Stillens bringen, während die Belehrung über künstliche Ernährung sich am besten auf das Allernotwendigste beschränkt. Notwendig sind genaue Vorschriften für Sauberkeit bei der Nahrungszubereitung, für Behandlung der Milch, Mischung der Bestandteile, Reinigung der Gefäße und Flaschen, Kochen und Kühlen. Überflüssig und unter Umständen schädlich sind zahlenmäßige Angaben über Nahrungsmenge und Nahrungsmischung nach dem Lebensmonat. Bemerkungen über Beikost, Gemüse, Obst dürfen nicht fehlen, ebensowenig allgemeine Vorschriften über Pflege des Kindes. Knapp und klar das Notwendigste zu sagen ist die Kunst des Merkblattes." Keller bekennt sich damit zu meiner Auffassung, die ich seinerzeit mit folgenden Worten zum Ausdruck gebracht habe:

Die Belehrung der Mütter hat sich fast lediglich auf die Ernährung an der Brust zu beschränken, denn nur die Vorschriften über die natürliche Ernährung lassen sich in Regeln fassen, die allgemeine Gültigkeit beanspruchen dürfen, nicht jedoch die Ernährung mit künstlicher Nahrung. Es muß in das Bewußtsein der Mutter bringen, daß die künstliche Ernährung eines Kindes immer nur ein Tasten ist, ein Versuch, dessen Ausgang sich nicht absehen läßt. Künstliche Ernährung bedarf daher einer sachverständigen Überwachung, die nur der Arzt ausüben sollte. Damit soll natürlich nicht gesagt sein, daß bezüglich der grundlegenden Regeln der künstlichen Ernährung, vor allem bezüglich der Technik, genaue Angaben in den Merkblättern vermieden werden sollen. Es muß immerhin verlangt werden, daß bezüglich der Grundregeln der künstlichen Ernährung sich die Mutter aus dem Merkblatt Rat holen kann. Sie muß z. B. darin finden, daß ein Kind nur 5 mal täglich Nahrung zu bekommen hat, daß die gesamte Tagesmenge nicht über 900—1000 g hinausgehen soll, daß ein junges Kind nicht Vollmilch verträgt, daher zunächst Milchverdünnungen am Platze sind, daß der durch die Verdünnung weggenommene Nährwert durch Zucker oder Fett ersetzt werden muß, daß vom Zucker nicht mehr als 50 g zugegeben werden sollen. Solche Angaben aus dem Merkblatt zu verbannen, halte ich für gefährlich, denn man kann doch durch diese Belehrung der künstlichen Ernährung eine Reihe von Gefahren nehmen, die sie hat, wenn die Mutter in keiner Weise unterrichtet wird und sich auf ihren Instinkt verläßt. Sonst sehen wir Überfütterung mit den Folgen der Ernährungsstörung und dem schlimmen Ausgang des Brechdurchfalls. Für ganz verkehrt würde ich es hingegen halten, wenn für jeden einzelnen Lebensmonat genau die Menge und Art der Zusammensetzung der Nahrung für das Kind angegeben würde, wie das z. B. früher in einem in Amerika beliebten Prozentsystem der Fall war, das bis auf das Gramm genau angab, mit wieviel Fett, Eiweiß und Zucker in der Nahrung ein Kind am besten gedeiht. Durch eine derartige bis ins einzelne gehende Angabe, die sich auch wissenschaftlich nicht begründen läßt, muß die Mutter zu dem Glauben kommen, daß die künstliche Ernährung, sachgemäß befolgt, ebenso gute Erfolge gibt wie die natürliche; sie wird dem Stillen entfremdet und dem ärztlichen Rate entzogen, der doch, wie gesagt, bei der künstlichen Ernährung nicht zu entbehren ist. Also ich fasse zusammen: Bezüglich der künstlichen Ernährung soll das Merkblatt das Wesentliche sagen, um die Mutter vor groben Fehlern zu bewahren, soll aber zugleich zum Ausdruck bringen durch die Art der Fassung wie auch durch das Vermeiden kleiner Einzelheiten, daß künstliche Ernährung dauernd sachverständiger Aufsicht bedarf, die heute schon im weitesten Maße auch für die unbemittelte Bevölkerung in den Fürsorgestellen möglich ist.

Köppe hat Schaden davon gesehen, daß manche Blätter Übertreibungen enthalten. Er hält es z. B. für pädagogisch falsch, wenn ein Merkblatt die Angabe enthält, das Stillen sei das sicherste Mittel gegen die englische Krankheit. Köppe verlangt, das Merkblatt müsse nur enthalten, was unter allen Umständen richtig und nicht mißdeutet werden kann. Er will dafür gern in Kauf genommen wissen, daß durch den Wegfall des Reklamestils das Merkblatt matter und farbloser wird. Ich kann mich zu diesem Standpunkt nicht ganz bekennen. Unrichtigkeiten müssen natürlich, darin stimme ich Köppe bei, aus dem Merkblatt ausgemerzt werden. Gewisse Übertreibungen halte ich nicht für schädlich, wenn durch sie ein besonderer Eindruck auf die Mutter gemacht werden kann. Ich sehe auch nicht ein, warum das Merkblatt matt und farblos werden muß, wenn es nur Wahrheiten enthält. Wer ein gutes Merkblatt verfassen will, kann sich ruhig an die Wahrheit halten, er muß aber etwas davon verstehen, wie man auf die Masse wirkt, und er muß auch über die psychologische Wirkung der Propaganda nicht ganz im unklaren sein. Weltfremde Ärzte ohne Kenntnis von breiten Schichten des Publikums eignen sich nicht zu Verfassern für Merkblätter.

Studiert man unter Berücksichtigung der angeführten Gesichtspunkte, denen das Merkblatt gerecht zu werden hat, eine größere Reihe, dann kommt man zu dem Ergebnis, daß nicht allzuviele unseren Forderungen entsprechen. Dadurch ferner, daß eine große Anzahl von Merkblättern vorhanden ist, so manche Stadt ihr eigenes Merkblatt hat, in dieser wieder verschiedene Vereine besondere Merkblätter herausgeben, tritt an Stelle des Nutzens eine Schädigung durch das Merkblatt ein, in erster Linie dadurch, daß sich einzelne Merkblätter widersprechen. Durch die Widersprüche wird das Vertrauen in den Inhalt des Merkblattes erschüttert, und anderer, schlechter Rat bekommt bei den Müttern um so leichteres Spiel. Das ist mit das Geheimnis des Erfolges einer schwindelhaften Nährmittelreklame. Nutzen ist deshalb vom Merkblatt nur dann zu erwarten, wenn Widersprüche vermieden werden und ein einheitlicher Gesichtspunkt zur Geltung kommt.

Als Ursache des Mangels an Einheitlichkeit unter den Merkblättern ist angegeben worden, daß die Fachleute, in diesem Falle die Kinderärzte, vielfach selbst verschiedene Anschauungen über die Kinderernährung vertreten. In der Zersplitterung und abweichenden Lehrmeinung der Kinderärzte will man des Übels Wurzel sehen. Ich halte den Vorwurf nicht für berechtigt. Ich sehe den Grund für die mangelnde Einheitlichkeit nicht in den unterschiedlichen wissenschaftlichen Anschauungen, sondern darin, daß diejenigen, die in der praktischen Säuglingsfürsorge stehen, viel zuviel ihren Sonderinteressen nachgehen und dadurch das gemeinsame Ziel aus den Augen verlieren. Persönlicher Ehrgeiz spielt dabei ebensowohl eine Rolle wie mangelhaftes Verständnis für soziale Arbeit. Wenn heute die wissenschaftliche Erforschung der Ernährung und Ernährungsstörungen des Kindes noch zu keinem durchaus einheitlichen von allen eingenommenen Standpunkt gelangt ist, so muß dieser Umstand keineswegs einen Mangel an Einheitlichkeit in der Fassung der Merkblätter bedingen. Auf der einen Seite müssen wir uns freuen, daß die Forschung über Ernährung und Ernährungsstörungen des Kindes in den wissenschaftlichen Lehrstätten verschiedene Wege geht, denn nur vielgestaltige Betrachtungsweise eröffnet uns die Möglichkeit, der Lösung des Problems näher zu kommen. Andererseits braucht die Volksbelehrung durch die Verschiedenheiten in wissenschaftlichen Anschauungen und durch Gegensätzlichkeiten der Gesichtspunkte wissenschaftlicher Forschung in keiner Weise beeinflußt zu werden. Die Ärzte, als die Gesundheitslehrer des Volkes, haben auf diesem Gebiete keineswegs nötig zu betonen, was sie trennt, sondern können unbeschadet der Selbständigkeit ihrer wissenschaftlichen Auffassung verkünden, was ihnen gemeinsam ist, was sie verbindet. Wir wollen unseren Müttern nicht sagen, wie sie eine Ernährungsstörung aufzufassen haben, wollen ihnen nicht Lehren geben, wie sie kranke Kinder gesund machen sollen, wir wollen keine medizinische Halbbildung unter Laien heranzüchten, sondern haben das Ziel, unseren Müttern zu zeigen, wie sie gesunde Kinder gesund erhalten können. Und über die kleine Anzahl von Regeln, die dafür genügt, herrscht doch wohl im großen und ganzen Einigkeit. Die Anschauungen über die Möglichkeit der Brusternährung, die Regeln der Stilltechnik, die Behand=

lung der Kuhmilch, die Bedeutung von Sauberkeit, Licht, Luft, Wärme und Kälte für das Kind sind doch wohl ganz allgemein, auch innerhalb der verschiedenen Schulen die gleichen, und so ist ein einheitliches Merkblatt in Deutschland durchaus im Bereiche der Möglichkeit.

Überblicken wir die große Zahl der heute vorhandenen Merkblätter, so kann der Kritiker mit Befriedigung feststellen, daß zahlreiche gute Merkblätter über sachgemäße Säuglingspflege und Säuglingsernährung vorhanden sind. Vor allem kann die Eigenschaft der Güte und Zweckmäßigkeit den Merkblättern zugesprochen werden, welche von den einzelnen Landeszentralen herausgegeben werden. Auch manche Merkblätter kleiner lokaler Vereinigungen dürfen auf das Beiwort „brauchbar" Anspruch machen. Der Tätigkeit der Zentralen ist es wohl zuzuschreiben, daß Merkblätter, welche unrichtige Angaben enthalten und darum schädlich wirken, immer mehr aus dem Verkehr verschwinden. Bedenklich erscheinen mir insbesondere jene Merkblätter, die ihrem Umfange nach allerdings schon eher Merkbüchlein genannt werden können, in denen der Inhalt, der häufig guten Büchern entlehnt, ja fast aus ihnen abgeschrieben ist, sachlich also nicht bemängelt werden kann, nichts weiter bedeutet als ein Beiwerk zur Reklame irgendeines Nährpräparates oder eines Pflegeartikels, die in besonders aufdringlicher Weise dem Publikum angepriesen werden. Da die Fabrikanten solcher Artikel unter den gegenwärtigen Verhältnissen fast stets über mehr Geld verfügen als die Einrichtungen des Säuglingsschutzes, so ist es kein Wunder, daß die Propaganda für diese Form der Merkblätter, die nur Anhängsel für Anpreisung mehr oder weniger unzweckmäßiger industrieller Artikel sind, eine viel ausgebreitetere, intensivere und infolgedessen auch wirksamere ist als die für rein sachlichen Gesichtspunkten Rechnung tragende

Merkblätter. Wir finden jene daher in den Händen von viel mehr Müttern, als uns erwünscht sein kann, ja, sie scheinen sogar mancherorts den Weg über die Standesämter zu finden. Diesem Übelstande entgegenzutreten ist hohe Zeit. Die Möglichkeit dazu müßte bei Verständnis und gutem Willen maßgebender Stellen vorhanden sein. Merkblätter, welche Unrichtigkeiten oder schädigende Vorschriften enthalten, müßten so schnell wie möglich durch Eingreifen der Zentralen vernichtet werden.

Das Merkblatt sollte die Mutter womöglich schon vor der Geburt des Kindes in die Hände bekommen. Das wäre möglich, wenn z. B. Hebammen für die Verteilung besonders interessiert würden. Auch in Mutterschulkursen, an denen Mütter vor der Entbindung teilnehmen, könnten Merkblätter verteilt werden. Vereine und Einrichtungen der geschlossenen und offenen Fürsorge, die solche Kurse abhalten lassen, sollten sich an der Verteilung beteiligen. Von den Teilnehmerinnen dieser Kurse, die eine mündliche und praktische Belehrung erhalten und das Merkblatt mit nach Hause nehmen, wird es naturgemäß auch viel gründlicher studiert und mehr Nutzen stiften als bei solchen, die ohne entsprechende mündliche Unterweisung das Merkblatt zugestellt erhalten. Jedes Standesamt, jede Fürsorgestelle sollte ein gutes Merkblatt, am besten das von der Zentrale oder Behörde offiziell eingeführte, verteilen. Es schadet nichts, wenn von verschiedenen Stellen aus die Mütter das gleiche Merkblatt öfter zugesandt erhalten, sie verschließen sich dann doch weniger leicht dem Inhalte. Wir, die wir in der Säuglingsfürsorge stehen und es unter allen Umständen erreichen müssen, daß das Volk von den wichtigsten Grundsätzen der Gesundheitslehre durchdrungen wird, können das gar nicht anders erreichen als durch nie erlahmende Werbearbeit, durch eine Arbeit, die gar nicht unähnlich jener ist, die eine Gesellschaft oder ein größeres Kaufhaus für einen Handelsartikel macht, dem sie Eingang ins Volk verschaffen will. Wer Säuglingsfürsorge treiben will, müßte eigentlich die Psychologie, Organisation und Technik der Reklame beherrschen. Denn wir müssen auf unserem Gebiete diesen Weg gehen, so unsympathisch er vielen, insbesondere in der Wissenschaft tätigen Persönlichkeiten sein mag. Wir müssen zugestehen, daß das, was auf dem Gebiete der Volksbelehrung bisher geschehen ist, auch für geringe Ansprüche nicht ausreichend ist. Der Grund dafür liegt auf der Hand. Nicht nur darin liegt er, daß Interesse und Verständnis für die Technik dieser Aufklärungsarbeit vielerorts fehlen, er liegt auch mit an den unzureichenden Geldmitteln, die den Organisationen zur Verfügung stehen. Denn die wiederholte Verteilung der Merkblätter, die notwendigen Anschreiben und alles, was damit verbunden ist, um das Interesse wachzurufen, kosten Geld. Manches könnte allerdings auch gespart werden, wenn sich die Organisationen auf ein Reichsmerkblatt einigen würden. Aber davon sind wir noch weit entfernt. Wenn wir von dieser Forderung absehen, die im Interesse der Einheitlichkeit und der Verbilligung viel für sich hätte, wäre es zu begrüßen, wenn wenigstens in den einzelnen Bundesstaaten eine Einigung über ein einziges zur Verwendung zugelassenes Merkblatt zustande käme. Es bedeutet eine Verschwendung von Mitteln und von gedanklicher Arbeit in gleicher Weise, wenn in einer Stadt jeder einzelne Verein ein anderes Merkblatt verteilt. In einem solchen Vorgehen soll die Selbständigkeit der betreffenden Einrichtung zum Ausdruck kommen. Dieses Bestreben könnte aber ohne weiteres hinter den größeren Allgemeininteressen zurücktreten. Vorbedingung dafür wie für jede Art volksaufklärende Arbeit in einer Stadt ist der Zusammenschluß aller jener, welche Fürsorge treiben.

Um nicht den schädlichen Glauben zu erwecken, daß die besondere Behütung des Kindes mit dem Ende des Säuglingsalters abgebrochen werden dürfe, ist es zweckmäßig, das Merkblatt für die Pflege und Ernährung des Säuglings zumindest durch eine kurze Anleitung für die Ernährung und Pflege des Spielkindes zu ergänzen; denn es sollte fortan keinen Säuglingsschutz ohne einen Kleinkinderschutz geben. Unter diesem Gesichtspunkte hat das Kaiserin Auguste Victoria= Haus zur Bekämpfung der Säuglingssterblichkeit im Deutschen Reiche ein Merkblatt herausgegeben, das sowohl dem Zwecke des Säuglingsschutzes als auch dem des Kleinkinderschutzes Rechnung trägt (s. Anhang, Nr. 1).

Es hat sich ferner als vorteilhaft erwiesen, auf ganz besondere Gefahren, die dem Säugling drohen, durch eine besondere schriftliche Belehrung aufmerksam zu machen. Diesen Gesichtspunkten entsprang die Herausgabe eines Hitzeflugblattes durch das Kaiserin Auguste Victoria=Haus, das zahlreich und unnötigerweise nachgeahmt wird (s. Anhang 2. Anlage). Es empfiehlt sich, solche Merkblätter nicht nur zu verteilen, sondern in der Zeit, für die sie bestimmt sind, oftmals in Zeitungen abdrucken zu lassen.

Was von den Merkblättern gesagt wurde, gilt auch in bezug auf die grundsätzlichen Gesichtspunkte bei der Abfassung und Verteilung der zahlreichen heute existierenden größeren Belehrungsschriften. Keller hat seinerzeit diese Bücher einer Kritik unterworfen und 3 Kategorien unterschieden. 1. Solche, welche Schaden anrichten und von einer fürsorglichen Zensur verboten werden müßten; 2. solche, die weder schaden noch nützen; und 3. solche, die zu empfehlen sind. Unter 30 von ihm kritisierten Büchlein hat Keller nur 4 als empfehlenswert bezeichnen können. Heute können wir sagen, daß eine recht große Reihe guter Bücher über Kinder=

ernährung und Kinderpflege existiert, so daß die Abfassung neuer eigentlich nicht mehr nötig ist; lediglich die Ausmerzung der schlechten müssen sich die Organisationen zur Aufgabe stellen. Vor allem aller jener, die sich auf das zu wissenschaftliche Gebiet begeben und dadurch bei den Müttern und Pflegerinnen eine medizinische Halbbildung heranzüchten, dann jener, welche direkt schädigende Grundsätze empfehlen, z. B. das Mundauswaschen, um nur einen Punkt herauszunehmen. Endlich auch solcher, bei denen die Autoren sich nicht versagen konnten, gewisse Medikamente bei der Behandlung von Kinderkrankheiten zu empfehlen, gewöhnlich diejenigen, die auch durch entsprechende Inserate in diesen Büchern bereits angepriesen sind. Alle solche Bücher müssen vom Markte verschwinden. Wir haben, wie gesagt, eine ganze Reihe kleiner und nicht teurer Bücher zur Verfügung, die wir den Müttern in die Hand geben können; ihre Zahl ist groß genug, so daß die Abfassung von neuen eine Verschwendung geistiger Arbeit — vielleicht im Interesse mancher Verleger —, keineswegs aber in dem des Publikums bzw. der dem Säuglingsschutz obliegenden Organisationen ist.

Je einheitlicher und je intensiver die von Sachverständigen ausgehende schriftliche Belehrung der Bevölkerung sich gestaltet, um so leichter muß es gelingen, die von Kurpfuschern ausgehenden Lehren unwirksam zu gestalten. Auf unserem Gebiete ist die Kurpfuscherei, der die Art der Anpreisung so mancher Nährpräparate recht nahe verwandt ist, besonders verhängnisvoll; denn während der Erwachsene von den Kurpfuschern hauptsächlich an Geld geschädigt wird, bezahlen die Säuglinge und Kinder die Gefolgschaft, die ihre Mütter den Kurpfuschern leisten, nicht zu selten mit dem Tode. Inserate, kleine Büchlein, gedruckte Anpreisungen auf allen möglichen und unmöglichen Orten, Gratisproben, Schaufensterauslagen,

Zeitungsanzeigen, Plakate, alle diese Mittel werden benutzt, um z. B. für ein bestimmtes Nährpräparat Reklame zu machen. Das Schlagwort „vollwertiger" oder „bester Ersatz der Muttermilch" hat so manche Mutter schon verblendet und dadurch ihrem Kinde das Leben gekostet. Der Kampf gegen diese Kurpfuscherei ist schwierig. Wir wissen, daß sie leider immer noch in breiten Kreisen unseres Volkes Boden findet. Wenn nicht die Ärzte in stramm organisierter Weise viel energischer als bisher gegen diese gefährliche Art der Gesundheitsbedrohung vorgehen, werden keine Erfolge erzielt. Vielleicht wird der Krieg hier einen Wandel bringen. Das Menschenleben ist wertvoller geworden, und alle Maßnahmen, es zu erhalten und die Gesundheit des einzelnen zu fördern, dürften heute leichter auf die Förderung unserer gesetzgebenden Körperschaften rechnen, als dies stellenweise bisher der Fall war. Wir Ärzte können aber zunächst eines tun, daß wir die medizinische Fachpresse von Ankündigungen, welche die Mutter auf verhängnisvolle Weise in der Ernährung ihres Kindes beeinflussen, reinigen. Zeitschriften, die der Fürsorge für das Kind dienen, dürfen in ihrem Inseratenteil nicht Anzeigen bringen, welche der Tendenz des Blattes direkt widersprechen. In dem offiziellen Organ Bayerns für den Säuglingsschutz ist der Vorschlag Oppenheimers, dem Redakteur nicht nur die volle Verantwortung für den redaktionellen, sondern auch für den Inseratenteil zu übertragen, bereits zur Tat geworden. Die Nährmittelreklame ist, wie Oppenheimer und Hoffa sehr richtig betonen, eine Feindin des Säuglings, ein Zensuramt wäre für sie von größtem Segen. Ich wage nicht zu hoffen, daß wir es bald erreichen werden; die Macht des Kapitals ist zu mächtig, und die Aufklärung der Masse geht zu langsam. Das soll uns aber nicht hindern, dem Ziele nachzustreben! Erreicht kann jedenfalls heute schon werden, daß die Fachschriften, die der Säuglingsfürsorge dienen, von schädlichem Anzeigenbeiwerk gesäubert werden.

Bedeutend schwieriger wird die gleiche Einwirkung auf die Tagespresse sein. Daß die Zeitungen, diese Großmacht, bei der Bekämpfung der Kindersterblichkeit eine außerordentlich große Rolle zu spielen berufen wären, liegt klar auf der Hand. Durch immer und immer wiederholte belehrende Artikel über des Kindes Gesundheit und Krankheit, durch Einrückung wichtiger Pflegeregeln in den redaktionellen Teil kann sicher Gutes geschaffen werden. In dieser Beziehung geschieht noch viel zu wenig, wenn auch anerkannt werden muß, daß das Interesse der Presse zunimmt und sie den Artikeln, welche die Fürsorge für das Kind betreffen, leichter die Spalten öffnet als früher. Leider wird das noch immer reichlich aufgewogen durch die ohne Zensur aufgenommenen Ankündigungen und Reklameartikel für irgendein Nährpräparat, dessen Gebrauch den Müttern so verlockend hingestellt wird, daß sie dadurch nicht nur vom Stillen abgehen, sondern auch die künstliche Ernährung in unzweckmäßiger Weise üben. Solche Ankündigungen und Reklameartikel rücken, je besser sie bezahlt werden, um so höher hinauf gegen den redaktionellen Teil zu, und die Grenze ist oft schwer zu finden. Ich weiß sehr wohl, daß die Finanzen einer Zeitung wesentlich von ihrem Inseratenteil abhängen; trotzdem dürfte es bei gutem Willen der Redaktion und des Verlages möglich sein, schädigende Aussprüche und Angaben aus solchen Artikeln und Ankündigungen auszuscheiden. Wenn hierin Einigkeit zwischen den Redakteuren und Verlagen besteht, würde sich die industrielle Reklame ohne weiteres fügen müssen.

Können auch durch rationelle Handhabung der schriftlichen Belehrung, wie sie im vorstehenden kurz dargelegt wurden — neue Ideen dürften manches noch wirksamer gestalten —,

Erfolge gezeitigt werden, niemals dürfen wir uns dem Glauben hingeben, daß die Belehrung der Bevölkerung durch das gedruckte oder geschriebene Wort das gleiche zu leisten imstande ist wie die **mündliche Belehrung, die praktische Unterweisung der Bevölkerung und der Anschauungsunterricht.** Merkblätter, Bücher, Kalender, die auf jedem Blatt eine Säuglingspflegeregel bringen, werden immer mehr entbehrt werden können, je mehr es uns gelingt, die gesamte weibliche Bevölkerung des Unterrichts in der Kinderpflege teilhaftig werden zu lassen. Dieser Tatsache verschließt heute niemand mehr die Anerkennung. Sie ist eine der Grundlagen unseres Programms für die Bekämpfung der Säuglingssterblichkeit. Von welcher Stelle immer wir um Rat angegangen werden, den Weg anzugeben, auf dem unter geringer finanzieller Belastung die Säuglingssterblichkeit bekämpft werden kann, antworten wir, man müsse Einrichtungen schaffen, durch die die mündliche und praktische Unterweisung von Müttern und Pflegefrauen ermöglicht wird. Darin liegt die große Bedeutung der die Mütter beratenden, die Stillung fördernden Fürsorgestellen, die ihr Vorbild haben in den von Budin geschaffenen Consultations de nourrissons. Die Anordnungen eines Arztes in der Sprechstunde der Mütterberatungsstellen erfahren die notwendige Ergänzung durch die praktische Unterweisung der Mutter in der Wohnung des Kindes, welche die Pflegerin zu leisten hat. Die Erfolge der Fürsorgestelle lassen sich heute schon in Zahlen ausdrücken. Es ist kein Zweifel mehr möglich an ihrer großen Bedeutung für die Verbreitung vernunftgemäßer Anschauungen über Säuglingsernährung und -pflege Ist auch die Säuglingsfürsorgestelle die wirksamste jener Einrichtungen, durch die wir mit den Müttern direkt Fühlung nehmen und ihr Vorgehen bei der Ernährung und Pflege ihres Kindes am unmittelbarsten beeinflussen können, so ist die Möglichkeit dazu doch auch auf anderem Wege vorhanden. Speziell die Ärzte sind in der Lage, bei jeder Art ihrer Berufstätigkeit, die sie mit Müttern in Berührung bringt, aufklärend zu wirken, „überall, wo auch immer eine Berührung mit den Frauen des Volkes statt hat, muß Wort und Schrift aufklären." Diese Aufklärung leisten die Kreisärzte, besonders auch die Impfärzte anläßlich der Impfungstermine, leisten die Hebammen, Wochenpflegerinnen, Gemeindepflegerinnen, Kreisfürsorgerinnen, Wanderlehrerinnen, Aufsichtsdamen der Haltekinder, um nur einige in der Fürsorge tätige Persönlichkeiten zu nennen. Die Leiter der Diözesen können über das Thema aufklärende Predigten halten, wie das Friedjung wünscht und wie das in Amerika bereits geschieht. Von immer größerer Bedeutung scheinen auch die kurzfristigen Unterrichtskurse für erwachsene Mädchen, Frauen und Mütter zu werden, die in das Programm einer großen Reihe Fürsorge treibender Vereine und Anstalten aufgenommen sind. Es soll bei diesen Kursen so vorgegangen werden, daß die theoretischen Unterweisungen durch praktische Übungen ergänzt werden. In meiner Anstalt hat es sich als genügend erwiesen, 4 Stunden theoretisch und 8 Stunden praktisch zu unterrichten. Die Theorie gibt das Wesentliche über die Eigentümlichkeiten des Kindesalters, über Pflege, Ernährung und Krankheitsverhütung, gibt Aufklärung über Vorurteile und Aberglauben. In den praktischen Übungen, die womöglich in ganz kleinen Gruppen abgehalten werden, lernen die Mütter die Kinder baden, trocken legen, wägen, kleiden, lernen die Herstellung von Milchmischungen und Beikost. Die praktischen Übungen müssen womöglich in einer Anstalt, in welcher Säuglinge untergebracht sind, vorgenommen werden. Es ist unter allen Umständen notwendig, daß für diese Mutter=

schulkurse Lehrmaterial zur Verfügung steht, weil nur der Anschauungsunterricht dem gesprochenen Wort jene nachhaltige Wirkung verleiht, die wir im Interesse der Vertiefung der Belehrung wünschen müssen. Je kürzer die Unterrichtskurse — und aus praktischen Gesichtspunkten wird man Müttern kaum mehr als 12 Stunden zumuten können —, um so eindringlicher muß die Belehrung gestaltet werden. Das kann nur mit Hilfe guten Anschauungsmaterials geschehen, gute Photographien, gute Lichtbilder, Moulagen werden nicht zu entbehren sein. In den praktischen Übungen wird ja an dem für die Pflege verwandten Material selbst gelernt. Zunächst kann an einer Puppe gearbeitet werden, in den späteren Stunden am Säugling selbst. Es ist vielfach darüber diskutiert worden, wer diese Kurse geben soll. In der allgemeinen Fassung kann die Antwort natürlich nur so lauten: nur jemand, der die Materie gründlich versteht. Während manche der Meinung sind, daß der Arzt den Unterricht erteilen müsse, glauben andere, nur eine Frau sei dazu fähig. Ich bin der Meinung, daß die theoretischen Stunden sehr wohl von einem Arzt abgehalten werden sollten, der die Materie beherrscht; die praktischen Unterweisungen besser durch eine in der Säuglingspflege erprobte Schwester. Aber natürlich können diese Kurse auch von einer Fürsorgerin, Wanderlehrerin abgehalten werden, welche die entsprechende Vorbildung besitzen. Sachkenntnis ist ebenso wichtig wie Lehrtalent. Nicht jeder, der viel Wissen hat, kann es auch seinen Zuhörern vermitteln; so wird man also niemals eine Schablone aufstellen können, sondern wägen müssen, was unter den gegebenen Verhältnissen das beste ist; und ebensowenig wie ich bestimmt aussprechen möchte, ein Arzt oder eine Schwester, eine Ärztin oder eine Fürsorgerin müsse unterrichten, so scheint es mir auch nicht notwendig, für die Mütterkurse eine einzige

Methode vorzuschlagen, die beim Unterricht befolgt werden muß. Allerdings muß Einheitlichkeit darüber herrschen, was gelehrt wird, und es kann nicht scharf genug betont werden, daß sich in der Beschränkung der Meister zeigt; nicht zu viel, aber das gründlich! Nur das Wesentliche bezüglich der Ernährung, Pflege, Krankheitsverhütung und nur das praktisch Wichtige; keine Krankheitslehre, keine Heranbildung von Halbärzten; mit wenigen Grundsätzen, die den Frauen in Fleisch und Blut übergehen, ist mehr gewonnen als mit großem gelehrten Beiwerk, das doch nicht in die Tiefe geht. „Das Haupterfordernis für einen erfolgreichen Unterricht besteht nicht in einem ausgearbeiteten Lehrplan, sondern in einem weisen Lehrer, welcher lebhaft an den Gegenstand interessiert und gewillt ist, Zeit, Gedanken und Energie zu opfern." Ein Kursus vor den Müttern des Mittelstandes wird anders zu halten sein als ein Kursus vor Arbeiterinnen, und auf dem Lande werden bei der Belehrung andere Gesichtspunkte zur Geltung kommen müssen als in der Stadt. Die Kenntnis der einschlägigen Verhältnisse in jener Bevölkerungsschicht, aus der sich das Publikum des Kursus zusammensetzt, wird immer die beste Grundlage sein, auf der der Lehrplan entworfen wird. Schwierigkeiten, die an jedem Orte wechseln, werden sich wohl immer mit Geduld und Takt überwinden lassen. Ich habe davon gesprochen, daß für den Unterricht ein gutes Anschauungsmaterial nicht entbehrt werden kann. Ein solches ist heute in den Wanderausstellungen für Säuglingskunde zusammengetragen, die immer mehr ihren Weg durch ganz Deutschland machen. Der ersten, vor einigen Jahren von der bayerischen Zentrale angefertigten Wanderausstellung für Säuglingskunde sind andere gefolgt. In den letzten Jahren hat sich auch das Kaiserin Auguste Victoria-Haus zur Bekämpfung der Säuglingssterblichkeit im Deutschen Reiche dieser Art der Belehrung angenommen und eine bedeutend reichhaltiger als die anderen zusammengesetzte Wanderausstellung angefertigt, welche so gefallen hat, daß sie vielfach nachbestellt, heute schon in vielen Städten gezeigt werden kann. Diese Wanderausstellungen gewinnen dann erst ihre große Bedeutung, wenn man das Publikum nicht ziellos und lediglich neugierig durch die Zimmer wandern läßt, sondern, wenn man sie als die Stätten benutzt, in denen die Belehrung, keineswegs nur die der Mütter, durch sachverständige Persönlichkeiten, durch Ärzte oder Säuglingsschwestern, vorgenommen wird. Der Erfolg ist ein ganz anderer, als wenn die Belehrung in einem toten Raume ohne jedes Anschauungsmaterial erfolgt. Mein Mitarbeiter, der Dirigent des Organisationsamtes in meiner Anstalt, Dr. Rott, und ich haben uns daher entschlossen, das in der Wanderausstellung vorhandene Material in großen Tafeln in Form eines Atlasses herauszugeben, so daß in nicht allzu langer Zeit für jeden Verein, jede Kommune, jede Schule, welche die Unterweisung in der Säuglingspflege in ihrem Programm haben, die Möglichkeit vorhanden sein wird, Material für den Anschauungsunterricht zu erhalten.

Auch durch kinematographische Vorführungen kann der Unterricht an Lebendigkeit gewinnen; zwei Filme, welche von Lehnhoff und Schloßmann angegeben sind, haben sicher mit dazu beigetragen, den Unterricht und das Interesse für den Säuglingsschutz zu vertiefen.

Setzen wir nun aber selbst den Fall, daß schon in allerkürzester Zeit in allen größeren und kleineren Städten, durch Fürsorgerinnen auch auf dem Lande die Möglichkeit bestehen wird, allen erwachsenen Mädchen und Frauen Kenntnis über Kinderernährung und Kinderpflege beizubringen, so wäre doch damit noch lange nicht das erreicht, was wir erstreben, die Bevölkerung mit Kenntnissen so zu durchdringen, wie das im Interesse der Sache liegt, ja durch die Notwendigkeit, die deutsche Volkskraft zu erhalten, begründet ist. Denn einerseits kommt die Belehrung doch für die Frauen, nachdem sie bereits Mütter geworden sind, zu spät. Wir wissen, daß eine große Anzahl von Säuglingen gerade in den ersten vier Wochen stirbt, und mag es uns durch gute Organisation der Kurse, durch Unermüdlichkeit der Propaganda auch gelingen, die Frauen durch die Belehrung möglichst früh nach der Niederkunft das Richtige erfassen zu lassen, es wird im besten Falle immer eine geraume Zeit verstreichen, in der gegen des Kindes Gesundheit gefehlt worden sein kann. Das ist der eine der Gründe, die dieser Mutterschule nie einen vollen Erfolg beschieden sein lassen werden. Der andere ist der, daß es trotz aller Aufklärungsarbeit, trotz aller regsamen Propaganda immer nur ein Bruchteil der Frauen sein wird, der das Bestreben hat, sich Kenntnisse in der Säuglingspflege anzueignen. Wird doch leider auch heute noch von vielen Müttern sachverständiger Rat ganz abgelehnt und lieber falschen Überlieferungen geglaubt, als dem Arzt. Da wir die Frauen nicht dazu zwingen können, sich von sachverständiger Seite unterweisen zu lassen, wird uns wohl immer ein nicht geringer Bruchteil entgehen. Auch wird der Belehrung, die erst nach der Geburt des Kindes einsetzt, ein Erfolg dadurch erschwert, daß der feste Untergrund, auf dem aufgebaut werden kann, fehlt. Dort wo sämtliche Vorkenntnisse aus früheren Zeiten fehlen und die Gesundheitslehre auch in ihren Grundzügen nicht zu dem festen Bestande des Wissens gehört, ist selbst beim besten Willen nicht immer die Fähigkeit zur Befolgung der von sachverständiger Seite gegebenen Ratschläge vorhanden. Wir dürfen auch nicht vergessen, daß gewöhnlich, bevor die Mutter in der Lage ist, sich in einem Kurse unterrichten zu lassen, schon ungebetene und unerwünschte Berater sich eingestellt und die Mutter verwirrt haben.

Wir brauchen deshalb, um für unsere Bestrebungen festen Boden zu bekommen, Unterricht in der Säuglingspflege in einer viel früheren Zeit. Die Frau muß für die Mutterschaft die Kenntnisse bereits mitbringen, die für eine sachgemäße Kinderpflege notwendig sind. Die Belehrung, die sie als Mutter zu empfangen in der Lage ist, soll nur eine Wiederholung und Erweiterung dessen sein, was sie als Mädchen und Kind gelernt hat. Wir brauchen den obligatorischen Unterricht in Kinderpflege durch die Schule. Als ich vor einer Reihe von Jahren diese Forderung aufstellte, lagen mir Lehrpläne aus dem Auslande, aus Amerika, England und Irland, bereits vor. Es lagen mir auch die Mitteilungen über die Erfolge vor, so daß es für mich nahelag, die Vorschläge für Deutschland zu übernehmen. Aber nicht nur die Erfahrungen des Auslandes, sondern praktische Erwägungen haben mich immer mehr zu der Erkenntnis geführt, daß wir eine durchgreifende Besserung auf unserem Gebiete nur zu gewärtigen haben dürften, wenn sich die Schule der Gesundheitslehre des Kindes bereits annimmt, und zwar nicht etwa nur die höhere Mädchenschule, sondern schon die Volksschule und im Anschluß daran die Pflichtfortbildungsschule. Wie oft kommen 10—12jährige Mädchen im praktischen Leben in die Lage, ihre viel jüngeren Geschwister, die im Säuglings- und Kleinkinderalter stehen, beaufsichtigen und warten zu müssen. Es ist also Gelegenheit gegeben, daß das Kind das, was es lernt, sofort zum Segen seiner Umgebung anwenden kann. Aber weit mehr als das, es wird ein Untergrund gebaut zu einer Zeit, da das menschliche Gemüt besonders eindrucksfähig ist. Sämtliche weibliche Persönlichkeiten können nur auf diese Weise — denn sie alle müssen durch die Volksschule gehen — zunächst einmal imprägniert werden mit den wichtigsten Grundsätzen für die Pflege und Ernährung ihrer kleinen Mitmenschen. Auf diesem festen Grunde kann dann weiter aufgebaut werden. Vor allem in der Fortbildungsschule, die ja leider heute noch nicht allgemein eingeführt ist, die aber entschieden der richtige Ort wäre, an dem eine Vertiefung der Kenntnisse stattzufinden hätte, und dann selbstverständlich auch in den höheren Mädchenschulen. Ich fordere deshalb, daß der Unterricht in Kinderpflege das Mädchen vom 10. bis 12. Jahre an begleite durch die Schule bis zu dem Moment, da es selbst als Mutter in der Lage ist, das in die Praxis umzusetzen, was ihm dauernd und nachhaltig gelehrt worden ist. Als ich vor einer Reihe von Jahren die Forderung nach dem Unterricht unserer Volksschülerinnen in der Säuglingspflege erhoben habe, habe ich von manchen Seiten Zustimmungen, von einer viel größeren Anzahl von Persönlichkeiten Ablehnungen, ja sogar schroffe Abweisung erfahren. Insbesondere aus Lehrer- und Lehrerinnenkreisen ist mir entgegengehalten worden, daß der kindliche Verstand in der Volksschule für dieses Material nicht reif sei, daß auch ganz abgesehen davon moralische Bedenken gegen die Einführung des Unterrichts in die Volksschulen sprechen. Ich habe mich dadurch nicht irremachen lassen, und als eine Oberschwester unseres Hauses, Antonie Zerwer, mit dem Wunsch an mich herangetreten ist, ein Buch zu verfassen, aus dem die Kinder Säuglingspflege lernen können, eine Säuglingspflegefibel, da habe ich diesen Gedanken lebhaft gefördert und die Freude gehabt, daß die Säuglingspflegefibel eigentlich — von prinzipiellen Nörglern abgesehen — allgemeine Anerkennung gefunden hat. Wir haben nun selbst in unserem Hause begonnen, junge Mädchen in Säuglingspflege und -Ernährung theoretisch und praktisch zu unterweisen. Die Erfolge waren gute. Wir konnten sagen, es wird bei diesem Vorgehen viel erreicht, und als in anderen Schulen die gleichen Versuche gemacht worden sind, wurde das gleiche Ergebnis gezeigt; alle Städte, die heute probeweise Säuglingspflege in der Schule eingeführt haben, ich nenne nur Braunschweig, Erfurt, Greifswald, Kattowitz, kommen zu dem Ergebnis: dieser Weg ist nicht nur gangbar, er ist auch gut und verspricht so schnell wie kein anderer die allgemeine Durchdringung des Volkes mit den zweckmäßigen Kenntnissen in der Kinderhygiene. Wir müssen heute nicht mehr die Methode besprechen, die in Englands Schulen geübt wurde, wir können über das berichten, was sich in Deutschland bewährt hat und vor allem 2 Fragen in den Vordergrund stellen: **Wer soll den Unterricht in der Säuglingspflege geben? Wie soll der Stoff begrenzt werden?**

In der Volksschule wie auch in der Pflichtfortbildungsschule und auch in der höheren Mädchenschule kommen von vornherein als Lehrkräfte in Frage die Lehrerin, der Arzt und die Schwester. Gegen die Lehrerin könnte zunächst angeführt werden, daß sie von der Materie nichts weiß und daher erst selbst eingehend belehrt werden müsse. Das kann natürlich kein Hindernis sein, Lehrerinnen den Unterricht zu übertragen, nachdem sie besonders unterwiesen worden sind, wenn sonstige Vorteile mit dieser Gestaltung des Unterrichtes verbunden sind. Der Arzt verfügt zwar im allgemeinen über die Kenntnisse, besonders der Spezialarzt. Ebenso die Schwester. Aber es fehlt doch nur zu häufig am pädagogischen Talent, und es wird auch aus vielen äußeren

Gründen schwierig sein, Arzt und Schwester am regelmäßigen Unterricht in der Schule teilnehmen zu lassen. Wenn in der Schule Säuglingspflege unterrichtet und nicht etwa vorgeschlagen wird, den Unterricht außerhalb der Schule, gleichsam neben der Schule, wenn auch obligatorisch, geben zu lassen, dann kommt meines Erachtens für den Unterricht nur die Lehrerin in Frage. Sie verfügt über das pädagogische Talent, sie kennt die Schülerinnen, mit denen sie es zu tun hat, sicherlich bedeutend besser als die gastierenderweise in die Schule kommende Schwester oder der Arzt, welchem es zudem oft noch außerordentlich schwer fallen dürfte, sich in seiner Zeiteinteilung streng nach der Schule zu richten und die unbedingt erforderliche Pünktlichkeit aufzubringen. Für die endgültige Gestaltung des Unterrichtes in der Volksschule und Pflichtfortbildungsschule würde ich also vorschlagen, die Lehrerinnen zu Lehrkräften in den zur Diskussion stehenden Fächern auszubilden, was je nach den vorhandenen Möglichkeiten entweder in kurzfristigen Kursen oder durch eine eingehendere seminaristische Ausbildung erreicht werden kann. Es muß unbedingt möglich sein, intelligenten, lehrbefähigten Frauen binnen 50 Stunden einen gründlichen Abriß über Kinderernährung und Kinderpflege zu geben, und damit die Befähigung, die Unterweisung in dieser Materie zu übernehmen. Kommt es doch weniger auf kleine Einzelheiten als auf scharfe Umrisse an. Wir werden den Lehrerinnen das wichtigste von der Lebens- und Gesundheitsbedrohung des Kindes sagen, ihnen die körperliche Entwicklung des Kindes in den Grundzügen schildern und die Grundsätze über Pflege, Ernährung, Erziehung und Krankheitsverhütung in verhältnismäßig kurzer Zeit vermitteln können. Den theoretischen Vorlesungen werden sich praktische Übungen und Besichtigungen anzuschließen haben, und zum Schluß kann die Lehrerin eine kleine Prüfung ablegen, in der sie aus irgendeinem der ihr vorgetragenen Gebiete eine Unterrichtsstunde für Kinder oder ältere Mädchen abhält. Den Unterricht für die Lehrerin werden natürlich die Ärzte und Schwestern zu geben haben, am besten in einer Anstalt, die über Anschauungsmaterial verfügt und in der zu praktischen Übungen reichlich Gelegenheit vorhanden ist. In der Schule selbst muß für die Unterrichtsstunde natürlich auch Anschauungsmaterial vorhanden sein. Eine Puppe, die notwendigen Kleidungsstücke für das Kind sind leicht zu beschaffen. Praktisch wäre die Anschaffung einer Reihe guter Tafeln, wie sie in dem bereits erwähnten Atlas vorhanden sein werden. Aber ich möchte doch fordern, daß dort, wo die Möglichkeit dazu besteht, der theoretische Unterricht in der Schule, wenn er auch in der Klasse selbst durch Anschauungsmaterial gehoben werden kann, seine Ergänzung findet durch praktische Übungen am Säugling selbst, z. B. in einer Krippe oder in einem Säuglingsheim, in einer Fürsorgestelle oder an einem Mütterabend. Das macht den Kindern bedeutend mehr Freude, erweckt ihr Interesse in viel höherem Maße, und dadurch wird die Wirkung des Unterrichts eine nachhaltigere. Außerdem sollen die Kinder die Säuglingspflegefibel von der Oberschwester Antonie Zerwer in die Hand bekommen und am Schluß eine kleine praktische Prüfung machen. Ich bin überzeugt, der Erfolg wird ein überraschender sein. In der Pflichtfortbildungsschule muß der Unterricht natürlich vertieft werden.

Man wird in der Volksschule natürlich kein Kolleg über natürliche Ernährung halten. Unverständlicherweise hat man bei der Kritik der Fibel den Umstand gerügt, daß sie auf die natürliche Ernährung nicht genauer eingeht. In der Volksschule wird man meines Erachtens nur die Grundbegriffe der Säuglingshygiene geben, Dinge lehren, die, wie bereits erwähnt, die Kinder zu Hause oft anzuwenden Gelegenheit haben. Die Kinder werden Sauberkeit lernen, die Reinigung der Flasche, die Art, das Kind zu halten und auch zu kleiden, aber nicht viel mehr. Aufgabe der Fortbildungsschule ist es dann, den erwachsenen Mädchen im Rahmen des hauswirtschaftlichen Unterrichtes eine gründliche theoretische und praktische Ausbildung in Säuglingsernährung und Säuglingspflege zu verschaffen und sie auf die Ethik des mütterlichen Berufes im schönsten Sinne des Wortes vorzubereiten. Die Hauptgesichtspunkte, wie Kinder gesund zu erhalten sind, müssen den Schülerinnen in Fleisch und Blut übergehen; sie müssen befähigt werden, Vorurteile und schädliche Gebräuche in der Kinderstube als solche zu erkennen, um von ihnen unbeeinflußt zu bleiben. Hier ist der Weg zur Stillpropaganda im größten Stil, nicht in der Volksschule. Entsprechend ist auch der Unterricht in den höheren Mädchenschulen zu gestalten. Wie schon erwähnt, liegen bereits zahlreiche Versuche über die Einführung des Unterrichtes in der Schule vor. Gute Erfolge sind von vielen Seiten mitgeteilt worden. Wir haben die gleichen Erfahrungen gemacht, wie sie z. B. in England schon vorher gemacht worden sind.

Durch die obligatorische ärztliche Unterweisung in Pflege der Säuglingshygiene in der Volksschule, ihre Vertiefung durch den Unterricht in der Mädchenfortbildungsschule wird aber auch insofern viel Nutzen gestiftet werden, als die Familie für diesen wichtigen Gegenstand der Volkshygiene das große Interesse gewinnt, das er verdient. Durch die Kinder werden wir den Weg zu den Müttern finden und auch sie über manchen wichtigen Punkt der Hygiene aufklären können.

Es ist nicht ohne Interesse zum Vergleich ganz kurz darüber

zu berichten, welche Methode und was für Erfahrungen in anderen Ländern mit dem Unterricht in der Volksschule gemacht worden sind. Ich gebe daher in folgendem ganz kurz die Art und Weise wieder, in welcher Säuglingspflege in den englischen Volksschulen gelehrt wird.

Sie wird als Teil des gewöhnlichen Unterrichts über Haushaltung oder als getrennter Kurs gegeben. Der abgetrennte Kurs wird entweder in der Schule durch ein Mitglied des Lehrerkollegiums oder durch einen auswärtigen Lehrer oder außerhalb der Schule in einer Krippe gegeben, manchmal auch der theoretische Unterricht in der Schule durch praktische Arbeit in einer Krippe oder in einer anderen der Säuglingsfürsorge dienenden Anstalt vervollständigt. Geht der Unterricht über Kinderfürsorge in der Haushaltungslehre mit auf, so werden gewöhnlich eine oder mehrere Stunden in den Wasch=, Koch= und Haushaltungskurs mit eingelegt. Es wird auf die Notwendigkeit der Sauberkeit, passender Ernährung, geeigneter Kleidung und genügenden Schlafes hingewiesen. An die theoretische Belehrung schließt sich praktische Unterweisung. Die Zahl derartiger Stunden ist gering; daß sie großen Nutzen stiften, wird nicht angenommen. Wirksamer scheint jene Art der Belehrung in den Schulen, in denen die Kinderfürsorge als getrennter Kurs behandelt wird. Er ist nur für ältere Mädchen berechnet. Die Kinder lernen:

In der ersten Doppelstunde das Waschen und Anziehen des Säuglings, die Pflege der Augen und Ohren, die Zusammensetzung der Kleidung, die Gründe für die Sauberkeit, die Tätigkeit der Haut, die Gefahren des Schmutzes, der Infektionskeime, die Pflege des Haares, der Zähne und der Nägel.

In der zweiten Doppelstunde die Regeln der natürlichen und künstlichen Ernährung, die Behandlung und Gefahren der Verunreinigung der Milch und die Eigenschaften der Saugflasche. Sie erfahren, welche Nahrung vermieden werden muß und werden über die zweckmäßigste Diät bis zum Alter von 2 Jahren unterrichtet, ebenso über den Begriff der Verdauungsstörungen und ihre Ursachen und die Gefahren der schmerzstillenden und betäubenden Mittel.

In der dritten Doppelstunde lernen sie die Zeichen der Gesundheit und der Krankheit, Begriffe von Wachstum und Entwicklung, die Bedeutung von frischer Luft, Sonne und Wärme, die Wiege, die Art des Hebens und Tragens des Kindes, die Gefahren des Wundliegens, die englische Krankheit, die Gefahren der Laienbehandlung und die Notwendigkeit ärztlicher Behandlung. Zu praktischen Demonstrationen in diesen Kursen benutzt der Lehrer (die Lehrerin) eine Puppe.

Im Gegensatz zu diesen Kursen scheinen sich die in einigen Distrikten von sogenannten Schulpflegerinnen gehaltenen Vorlesungen oder Unterhaltungsstunden über persönliche Hygiene und Kinderpflege, die besonders für die älteren Mädchen gehalten werden, infolge ihrer Oberflächlichkeit nicht bewährt zu haben.

Bedeutend gründlicher wird der Unterricht in der Kinderfürsorge in einigen anderen Schulen gehandhabt, indem er einen Teil eines wohlausgearbeiteten Planes über die Lehre der Haushaltungsführung für alle Mädchen bildet. So hat in einer Schule eine Vorsteherin, die aus jedem Mädchen eine tadellose Hausfrau und Mutter machen und in jedem einzelnen das Gefühl für die Größe und Wichtigkeit einer guten Haushaltführung begründen wollte, einen sich über 3 Jahre erstreckenden Kurs eingerichtet. Während in den beiden ersten Jahren persönliche Hygiene, die Zubereitung von Gerichten, das Besorgen der Wäsche und Kleidung unterrichtet werden, in dem zweiten Jahre alles, was mit der Wohnung und mit dem Haushalt zusammenhängt, gelehrt wird, ist in das Programm des dritten Jahreskurses der 6. und 7. Klasse die Behandlung des Säuglings und die Pflege des Kindes vom 2.—7. Lebensjahre aufgenommen. In den Stunden über Kinderpflege wird die Mädchen gelehrt, wie man einen Säugling wartet, wie man ihn wäscht, kleidet und füttert, die Notwendigkeit einer eigenen Lagerstätte wird betont, gezeigt, wie eine Saugflasche beschaffen sein soll und wie sie gehandhabt werden muß. Als Demonstrationsobjekt dient eine große Puppe, die unter Aufsicht der Lehrerin gewaschen und angezogen wird. Die Babykleider werden von den Kindern selbst zugeschnitten und genäht. Flaschen werden zubereitet, mit einem Worte, alles praktisch durchgenommen, was bei der Pflege des Säuglings zu berücksichtigen ist. Zum Unterricht dienen nicht etwa spezielle Apparate oder teure Ausstattungen; Lehrer und Schülerinnen sorgen selbst für vieles, was nötig ist. Der praktischen Seite der Belehrung dienen auch Krippen und Kleinkinderbewahranstalten.

Aus den zahlreichen Versuchen, die mit der Belehrung der jungen Mädchen in der Volksschule gemacht worden sind, glaubt die englische

Erziehungsbehörde folgendes schließen zu dürfen: Die Lehre über Kinderfürsorge sollte nicht als getrennter Gegenstand behandelt werden, sondern einen Teil des allgemeinen Kurses über persönliche und häusliche Hygiene bilden, der Gegenstand sollte als ein Ganzes aufgefaßt und dieses Ganze in faßlicher Weise auf einem breiten Grund einfacher Tatsachen, die in dem Bereiche der Kenntnisse der Mädchen liegen, aufgebaut werden. Jeder neue Teil der Belehrung sollte den auf einer früheren Stufe gegebenen erweitern und die Übung in Kinderpflege und persönlicher Hygiene soweit als möglich mit Unterricht im Kochen, Waschen und Hausarbeit verbunden werden. Obwohl es wünschenswert und sogar erforderlich ist, daß jedes Mädchen ohne Ausnahme einen Kursus über persönliche Hygiene und Kinderpflege durchgemacht, sollte die Belehrung über die einfachsten hygienischen Fragen nicht unter 7 Jahren, über Kinderfürsorge nicht unter 12 Jahren stattfinden. Mit Recht wird jedoch in den Brennpunkt der Frage gerückt, daß solche Belehrung in praktischer Weise gegeben wird, und es ist ohne weiteres zuzugeben, daß sich bei praktischem Sinn das Notwendigste in einem gewöhnlichen Klassenzimmer demonstrieren läßt. Am Ende eines Kursus für Kinderfürsorge sollte jedes Mädchen, welches die Schule verläßt, wissen, wie man einen Säugling wäscht und anzieht, was für Kleider er tragen muß und wie man sie anfertigt. Es sollte die Vorteile natürlicher gegenüber künstlicher Nahrung verstehen, wissen, wann das Kind zuerst feste Nahrung bekommen kann, warum künstliche Nährpräparate nicht gegeben werden sollen, welches die Zeichen schlechter Verdauung sind, und wann es wichtig ist, auf solche Symptome zu achten, wieviel Schlaf erforderlich ist, wie man eine bequeme und passende Lagerstätte bereitet, warum frische Luft und Sonne vonnöten sind. Medizinische Unterweisungen den Schulmädchen mit auf den Weg zu geben, ist nicht erwünscht. Es soll ihnen jedoch ein praktisches Verständnis für all die Dinge beigebracht werden, welche zu einem gesunden Leben im Haus für kleine Kinder führen. Es fragt sich nun, wie der Kursus beschaffen sein muß, der wirklich den angestrebten Erfolg verbirgt. Die englische Erziehungsbehörde hat sicherlich recht, wenn sie der Meinung ist, daß es bei dem jetzigen Stadium der Angelegenheit schwer sein dürfte, dem Weg, welcher eingeschlagen werden soll, eine genaue Richtung zu geben, weil die Bedürfnisse in jedem erzieherischen Kreise beträchtlich voneinander abweichen und ein und derselbe Plan kaum den verschiedenartigsten

Forderungen entgegenkommen könnte. Doch erscheint der Behörde folgendes brauchbar: Die Mädchen, welche belehrt werden sollen, sollen in zwei Gruppen untergebracht werden. Die erste Gruppe umfasse Kinder im Alter von 7—12 Jahren, die zweite im Alter von 12—14 Jahren. Der Vortrag muß elementar sein. Der Hinweis auf die Natur, z. B. die Sorge der Tiere für ihre Jungen, kann als Folie für das Gesagte dienen. Von vornherein ist auf praktische Ausbildung der größte Wert zu legen. In den Unterrichtsstunden soll das gesundheitliche Wissen der Kinder gebildet, entwickelt und in ihnen der Wunsch und Ehrgeiz geweckt werden, die einverleibten Prinzipien in ihrem eignen Heim praktisch zu betätigen.

Wenn die englische Erziehungsbehörde bemerkt, daß mit dem Unterricht in der Kinderfürsorge an den öffentlichen Volksschulen zwar bereits ein gut Stück Weges zum Erfolg zurückgelegt ist, aber keinesfalls der ganze Weg, und daß die Notwendigkeit besteht, die dort gewonnenen Kenntnisse durch Unterricht in einer Fortbildungsschule auf breiteren Grund zu stellen, so gibt sie damit einer Forderung Ausdruck, die seit einer Reihe von Jahren von den Vorkämpfern auf dem Gebiete der Säuglingsfürsorge in Deutschland erhoben wird. Ich erinnere nur daran, daß seinerzeit der Landesverein Preußischer Fortbildungsschullehrerinnen die Ausdehnung der Fortbildungsschulpflicht auf die gesamte weibliche Jugend unter 18 Jahren zum Gegenstand einer Eingabe an den Minister gemacht hat und daß im Anschluß daran verlangt wurde, der Lehrplan der Pflichtfortbildungsschule müßte die Säuglingspflege als wichtigen Lehrgegenstand mit aufnehmen. Denn um die volle Bedeutung des Unterrichtes in den öffentlichen Volksschulen zu erfassen, sind die Mädchen im allgemeinen noch zu jung, der ihnen gegebene Unterricht muß notwendigerweise von außerordentlich einfacher Form sein; sie gehen nach Verlassen der Schule in die Arbeit, und es vergeht oft eine lange Zeit, ehe sie Gelegenheit haben, ihre in der Schule erworbenen Kenntnisse in die Praxis umzusetzen; in dieser Zeit wird vieles, was sie gelernt haben, vergessen sein: es muß jedoch mit den älteren Kindern in den öffentlichen Schulen der Anfang gemacht werden. Wenigstens lernen sie etwas, und sie werden häufig den Wunsch bekommen, mehr zu lernen. In den Fortbildungsklassen kann der Unterrichtsgegenstand dann auf eine breitere Grundlage gestellt werden. Wenn auf diese Weise die Lehre von der Säuglingspflege das Kind durch die Schulzeit hindurch begleitet und immer mehr und mehr zu einem unveräußerlichen Besitz des Wissens wird, dann brauchen wir nicht etwa ein besonderes Brautexamen, wie es Pudor fordert, oder ein eigenes Jahr für den Mutterdienst für die Mädchen einzuführen, sondern wir haben uns mit unseren Forderungen durchaus auf der Basis des Erreichbaren gehalten und die Sicherheit gewonnen, daß die der zur Mutter gewordenen jungen Frau dienende Aufklärung Nutzen stiftet.

Mit der obligatorischen Einführung des Unterrichts der Gesundheitslehre des Kindes in den Schulen werden wir vor eine Reihe neuer Erfahrungstatsachen gestellt werden. Es hat keinen Zweck, heute schon dogmatisch zu sagen, nur diese Methode des Unterrichtes wird gut sein, nur dieser Weg ist zu empfehlen. Die Erfahrung wird uns hier weiterbringen. Liegt erst ein Jahr des Unterrichtes an vielen Schulen vor, dann können die Beteiligten zusammentreten und auf Grund ihrer Praxis die beste und gangbarste Methode mitteilen. Eile tut not! Ich bin überzeugt, daß unter den gegenwärtigen Verhältnissen unsere Behörden auch nicht mehr weiter zögern werden.

Uns Ärzten erwächst hier eine neue große Aufgabe! Als die berufenen Hüter der Gesundheit des Volkes müssen wir alles daran setzen, der Belehrung der Bevölkerung freie Bahn zu schaffen. Wir selbst werden ja praktisch mit eingreifen, werden selbst unterrichten müssen und uns dabei bewußt zu bleiben haben, daß wir in diesem Unterricht einer Aufgabe von größter nationaler Bedeutung gerecht werden. Wir müssen uns klar machen, daß jetzt nichts so verhängnisvoll wäre als Mangel der Einheitlichkeit in der Belehrung. Eine Verständigung der Ärzte, ein reger Meinungsaustausch über die Aufgaben, die uns auf diesem Gebiete jetzt gestellt werden, dürfte sehr erwünscht sein und wird dazu beitragen, gegensätzliche Auffassungen so schnell wie möglich aus der Welt zu schaffen. Das Kaiserin Auguste Victoria-Haus wendet der Volksbelehrung auf dem Gebiete der Kinderpflege sein größtes Interesse zu, und wir sind gern bereit, die Bestrebungen der Ärzte auf diesem Gebiete nicht nur durch das Wort, sondern auch tatkräftig zu unterstützen. Die Möglichkeit, auf diese Weise zur Heranbildung eines gesunden Geschlechtes viel beizutragen, wird die von uns aufgebrachte Mühe reichlich lohnen.

Anhang.

1.
Ratschläge
für die Ernährung und Pflege des Säuglings und Kleinkindes.

Merkblatt[1]) des Kaiserin Auguste Victoria-Hauses zur Bekämpfung der Säuglingssterblichkeit im Deutschen Reiche.

Fast jede Mutter kann stillen.

Mutter, stille Dein Kind! Dies ist Deine heiligste Mutterpflicht. Du gibst Deinem Kinde damit das beste, was es zu seinem Gedeihen braucht. Da **fast jede Mutter stillen kann**, wirst Du es auch können. Warte ruhig ab, wenn auch nicht gleich reichlich Milch da ist. Durch beständiges Anlegen kommst Du fast immer zum Ziel. **Gib Deinem Kinde 5 bis 6 mal am Tage die Brust (in 3—4 stündigen Pausen).** Von 6 Uhr morgens bis 10 Uhr abends gib dem Kind zu trinken; **in der Nacht lasse es schlafen.** Stille 6—9 Monate. Während des Stillens darfst Du essen und trinken, was Dir schmeckt.

Nicht im Sommer absetzen!

Niemals setze im Sommer ab und überhaupt nicht, ohne Arzt oder Fürsorgestelle zu fragen. Bei ihnen hole Dir Rat, aber nicht bei Nachbarn und Verwandten. Mußt Du zur Arbeit gehen und kannst dem Kind deshalb nicht nur die Brust geben, gib sie wenigstens morgens vor Deinem Weg-

---

[1]) Erschienen im Verlag des Kaiserin Auguste Victoria-Hauses.

gange und abends bei der Rückkehr, denn **viel besser ist Brust und Flasche, als Flasche allein.**

Entwöhnen darfst Du Dein Kind nur auf frische, gute, **sauber gewonnene Kuhmilch** (oder Ziegenmilch). Arzt oder Fürsorgestelle werden Dir eine gute Bezugsquelle der Milch nennen. Bei künstlicher Ernährung darfst Du dem Kind **nicht mehr als 5 Mahlzeiten** geben, **in der Flasche nicht mehr als 200 g**, am Tage nicht mehr als 1 l. Hast Du die Milch geholt, **koche sie sofort 3 Minuten in einem Topf ab.** Diesen decke mit einem Deckel zu und setze ihn in **kaltes Wasser**, das Du oft wechselst; nur so bleibt die Milch kalt und unverdorben. Noch besser zur Aufbewahrung der Milch sind Eisschrank oder Kühlkiste. Unmittelbar vor dem Gebrauch gieße die vorgeschriebene Milchmenge in eine **leicht sauber zu haltende Flasche.** Du darfst **nur Flaschen** benutzen, in denen der **Inhalt genau abgemessen** werden kann (durch genaue Einteilung in 10, 20, 200 g [ccm]). Als Flaschensauger nimm einfache, mit Loch versehene Gummipfropfen. In diese darfst Du nichts hineintun. **Flaschen und Sauger halte peinlich sauber.** Fülle jede Flasche nach der Mahlzeit sofort mit Wasser, reinige sie mit Flaschenbürste und Soda und spüle sie mit gekochtem Wasser nach. Den Sauger reibe nach jedem Gebrauch mit Salz aus, reinige ihn mit heißem Wasser und bewahre ihn in sauber zugedeckten Gefäßen. Halte Dir womöglich soviel Flaschen und Sauger, als das Kind Mahlzeiten bekommt. Niemals darfst Du an dem Sauger lecken. Den **Geschmack der Nahrung** mußt Du an einer auf den Handrücken getropften Menge prüfen. Zur Feststellung der **richtigen Wärme** halte die gut geschüttelte Flasche ans Augenlid. Darüber, welche Nahrungsmischung Du in die Flasche geben mußt, frage Deinen Arzt. Allgemeine Regeln lassen sich nicht aufstellen.

Gewöhnlich gibt man im ersten Monat $1/3$ Milch und

Marginalia:
- Künstliche Ernährung ist schwierig.
- Nicht mehr als 1 l Nahrung am Tage geben!
- Die Milch kaltstellen!
- Die Flasche muß leicht zu reinigen sein.
- Der Flaschensauger soll einfach sein.
- Die künstliche Nahrung muß der Arzt bestimmen.
- Nahrungsmenge.

²/₃ Wasser, im zweiten bis dritten **zur Hälfte** Milch und **zur Hälfte** Wasser, im vierten bis sechsten **zwei Teile** Milch und **ein Teil** Wasser oder Haferschleim. In jede Flasche kommen ungefähr 1—2 Teelöffel Zucker. Vom sechsten Monat an beginnt die Beikost: Grießsuppe, Gemüse, Kartoffelbrei, Fruchtbrei.

<small>Den Mund nicht auswaschen.</small> **Wische dem Säugling niemals den Mund aus**, da Du dadurch gefährliche Verletzungen hervorrufen kannst.

<small>Bad.</small> **Bade Dein Kind möglichst jeden Tag.** Augen, Ohren und Nase darfst Du nicht mit Badewasser, sondern mußt sie mit besonderem Wasser und Wattestückchen nach dem Bade reinigen. <small>Sauberkeit.</small> **Verboten sind dazu alle harten Gegenstände** wie harte Tücher, Ohrenschwämmchen Haarnadeln, Holzstöckchen. **Lege Dein Kind möglichst oft trocken.** Wasche <small>Puder.</small> es mit lauwarmem Wasser sorgfältig und pudere es mit Kinderpuder gut ein. Gebrauche nie Kartoffel- oder Reis- <small>Wundsein.</small> mehl, da diese das Kind erst gerade wund machen. Bei Wundsein befrage sofort Deinen Arzt. **Wasche dem Kind möglichst oft die Hände und säubere und beschneide die Nägel.**

<small>Nägel. Kleidung.</small> Nimm für Dein Kind möglichst **weiße Wäsche.** Sie ist sauberer und nicht teurer als bunte.

<small>Bewegung.</small> Lasse dem Kind **Strampelfreiheit.** Wickele Dein Kind niemals fest ein. Lege das Gummituch nicht ganz um das Kind herum. Im heißen Sommer kleide es leicht und lasse es oft im Hemdchen liegen. Auch zu warmes Einpacken oder ein überhitzter Raum machen den Säugling krank, daher weg mit allen Federbetten und Wickeltüchern. Ziehe Dein Kind aus, bevor Du es ins Bett legst.

Suche in Deiner Wohnung einen sonnigen Raum als <small>Zimmer. Luft.</small> Aufenthaltsort für Dein Kind aus. Laß es im heißen Sommer nicht in der Küche stehen.

Verwende für die Einrichtung des Zimmers **nur Gegenstände, die waschbar** sind. Lüfte das Zimmer fleißig, auch im Winter. Im Sommer öffne die Fenster ausgiebig am Morgen und Abend. **Für die heißen Sommermonate suche den kühlsten Platz in Deiner Wohnung** für Dein Kind.

Heiße Zeit. Der Wohnraum muß im heißen Sommer kühl sein.

Täglich bringe Dein Kind für mindestens 1—2 Stunden an die **frische Luft**. Schon wenn es 3—4 Wochen alt ist, kannst Du es bei günstiger Witterung, auch im Winter bei Kälte, ins Freie bringen, und zwar bequem liegend im Kinderwagen. Laß Dein Kind erst sitzen, stehen oder laufen, wenn es selbst Anstalten dazu macht. Dann aber übe es ruhig.

Beobachte Dein Kind vom ersten Lebenstage an recht genau. Wenn sich aus Augen oder Nabel eine gelbliche dünn- oder dickflüssige Masse entleert (Eiter), so frage sofort den Arzt. Tritt **Durchfall** oder **Erbrechen** ein, so lasse jede Nahrung fort und frage sofort den Arzt. Bis dahin gib dem Kind nur Tee oder Wasser.

Sorgfältige Nabelpflege nötig. Durchfall; Erbrechen. Erste Maßnahme bei Erkrankung. Zahnung keine Krankheit.

Erkrankt Dein Kind zu der Zeit, in der Du das Durchbrechen der Zähne erwartest, an Fieber, Durchfall, Husten oder Krämpfen, so beruhige Dich nicht mit dem Gedanken „das kommt von den Zähnen", sondern frage umgehend den Arzt um Rat.

Wenn Dein Kind sehr blaß ist, viel schwitzt oder gar schon krumme Beinchen bekommt, so kann es an englischer Krankheit leiden und bedarf der ärztlichen Fürsorge.

Englische Krankheit.

Auch, wenn das Kind ein Jahr alt geworden, darfst Du mit der Beachtung der Gesundheitsregeln nicht nachlassen.

Ernährung und Pflege des Kleinkindes.

Ernähre es in einfacher Weise **mit gemischter Kost, ähnlich Deiner eigenen** in regelmäßigen Pausen. Gib ihm nicht mehr als $1/2$—$3/4$ l Milch täglich, außerdem Gemüse, Kartoffel, Obst (roh und gekocht) und Fleisch (täglich einmal). Gib ihm jedoch keine ungekochte Milch, kein unreifes Obst,

Gemischte Nahrung für das ältere Kind.

kein rohes Schabefleisch. Gib ihm keine Süßigkeiten und Leckereien zwischen den einzelnen Mahlzeiten. Gib niemals alkoholische Getränke. Gib ihm auch keine sogenannten Nährmittel, wenn sie nicht der Arzt verordnet. **Vermeide jede Überfütterung.**

Sauberkeit. **Bade Dein Kind möglichst jeden Tag;** wenn Dir das nicht möglich ist, wasche es jedenfalls jeden Tag einmal ganz ab. Zumindest mußt Du ihm vor jeder Mahlzeit die Hände waschen und die stets kurz geschnittenen Nägel reinigen.

Zähneputzen ist notwendig. Wenn die Backzähne da sind, **pflege den Mund Deines Kindes sorgfältig,** indem Du morgens nach dem Aufstehen, mittags nach der Mahlzeit und abends vor dem Zubettgehen die **Zähne des Kindes** mit einer weichen Bürste und Wasser **reinigst,** denn die sorgfältige Pflege und Reinigung der Zähne ist für das Wohlergehen des Kindes von größter Wichtigkeit.

Sauberes Spielplätzchen. Laß Dein Kind **nicht auf schmutziger Erde,** auf Fußboden, Treppe, Hausflur herumkriechen, sondern richte ihm ein gut gesäubertes, abgegrenztes Plätzchen her.

Kleidung. **Die Kleidung** sei im Sommer möglichst **leicht** und **lose.** Im Winter sollst Du Dein Kind nicht durch zu warme Kleidung verwöhnen.

Sauberes Spielzeug notwendig. Luft, Licht notwendig. Das **Spielzeug** Deines Kindes sei möglichst **einfach und abwaschbar.**

Bringe Dein Kind möglichst viel an die **frische Luft. Licht und Sonne sind ihm nötig.** Lüfte auch möglichst viel das Zimmer des Kindes.

Bei Krankheit Arzt rufen. Beobachte Dein Kind recht genau, damit Du jede Krankheit sofort erkennst und vom Arzte behandeln lassen kannst. Gewöhne Dein Kind daran, sich **in den Hals sehen zu lassen.** Auch **Hautausschläge,** seien sie noch so geringfügig, und **Drüsenanschwellungen** bedürfen ärztlicher Behandlung. Bei **Erkrankung der Zähne** frage den Zahnarzt. **Achte besonders** auch auf Augen (entzündete Augen) und Ohren (Ohren= laufen), damit Dein Kind nicht blind oder taub werde.

Kranke Zähne müssen behand werden.

Bei großer Sorgfalt in der Ernährung und Pflege, bei rechtzeitiger Behandlung von Krankheit wirst Du die Freude haben, Dein Kind gesund einschulen zu können.

Durch die in der Gewerbeordnung und Reichsversicherungs= ordnung festgelegten Bestimmungen wird der wenig be= mittelten Frau gesetzlicher Schutz und Unterstützung während der letzten Wochen der Schwangerschaft, der Geburt und des Wochenbettes gewährleistet. Wöchnerinnen, die im letzten Jahre vor der Geburt des Kindes auf Grund der Reichs= versicherung oder bei einer knappschaftlichen Kasse gegen Krankheit versichert waren, erhalten ein Wochengeld in Höhe des Krankengeldes für 8 Wochen, von denen mindestens 6 in die Zeit nach der Entbindung fallen müssen. Für Mitglieder der Landkrankenkassen, die nicht der Gewerbeordnung unter= stehen, wird das Wochengeld 4—8 Wochen bezahlt.

Unterstützung der Schwangeren und Wöchnerinnen.

Heiratet eine Arbeiterin, wodurch für sie die Pflicht der Versicherung aufhört, so soll sie trotzdem nicht aus der Kranken= kasse austreten; denn dadurch verliert sie alle Rechte. Die Unterstützung ist ihr aber gerade am nötigsten, wenn das Kind geboren wird. In allen Fragen des Rechtes erhält die Mutter kostenlos Auskunft von den Ortspolizeibehörden (Amtsvorsteher).

Nicht aus der Krankenkasse austreten! Freiwilliges Mitglied bleiben!

2.
Flugblatt[1] zum Schutze der Säuglinge.

Bearbeitet im Kaiserin Auguste Victoria-Haus zur Bekämpfung der Säuglingssterblichkeit im Deutschen Reiche.

───────────────────────────────

| Die Hitze ist der größte Feind | Mütter! Der größte Feind Eurer Kleinen ist der Sommer mit seiner großen Hitze! Unter den Lebensmitteln verdirbt am leichtesten die Tiermilch. Setzt nie im Sommer ab, sondern ernährt Eure Kinder an der Brust; denn

Brustmilch verdirbt nicht.

Gebt Euren Kindern alle 4 Stunden, d. h. fünfmal des Tages, abwechselnd die rechte und linke Brust und laßt ihnen nachts die Ruhe.

| Ernährt die Kinder an der Brust | Künstlich ernähren dürft Ihr nur auf Anordnung und unter Aufsicht des Arztes; Ihr müßt dann besonders genau und sauber dabei sein. Ihr müßt jede Flasche nach jeder Mahlzeit sofort mit Wasser füllen und sie mit einer Flaschenbürste und mit Soda-, Borax- oder Seifenwasser reinigen, mit gekochtem Wasser nachspülen und sie umgekehrt an einen reinen Ort, möglichst in einen reinen Topf stellen.

Gebraucht nur Flaschen, auf denen der Inhalt in Zahlen 5, 10, 20—200 g (ccm) abgelesen werden kann (Grammflaschen); denn nur mit ihnen könnt Ihr die Nahrungsmenge genau bestimmen. Ihr müßt den Sauger nach jedem Gebrauch mit heißem Soda-, Salz- oder Boraxwasser gründlich reinigen und in sauberem, zugedecktem Gefäß aufbewahren. Am

───────────────────────────────
[1] Erschienen im Verlag des Kaiserin Auguste Victoria-Hauses.

besten ist es, ebensoviel Sauger wie Flaschen zu haben. Verboten ist Euch, die Flaschensauger als Schnuller zu benutzen!

Hütet die Kuhmilch vor Verderbnis!

Verboten sind Euch Glasröhren oder Gummischläuche als Flaschensauger, ebenso der Zuckerschnuller! Kauft Eure Milch nur in einem Kuhstall, von dessen Sauberkeit Ihr Euch überzeugt habt; am besten fragt ihr den Arzt oder die Fürsorgestelle, wo Ihr die Milch zu nehmen habt. Ihr dürft die Milch nicht zu Hause herumstehen lassen, müßt sie sofort 3 Minuten in einem reinen Topf kochen, schnell abkühlen, indem Ihr den Topf, mit einem Deckel versehen, in kaltes Wasser setzt und dieses häufig erneuert. Ihr dürft die Milch nach dem Kochen nicht in andere Töpfe gießen, sondern müßt sie so lange in dem kühl aufbewahrten Topf lassen, bis Ihr sie unmittelbar vor dem Gebrauch in vorgeschriebener Menge in die Flasche füllt.

Stehen Euch 5 Trinkflaschen zur Verfügung, was natürlich am besten ist, so müßt Ihr die Milch sofort nach dem Kochen in vorgeschriebener Menge in Flaschen füllen und sie verschlossen an einem kühlen Platz, am besten in einem Eisschrank, aufbewahren.

Am besten benutzt Ihr einen Eisschrank oder eine Kühlkiste, die Ihr Euch selbst mit ganz geringen Kosten herstellen könnt. Ihr holt Euch vom Kaufmann eine Holzkiste, bestreut den Boden mit Sägespänen, setzt zwei Eimer von verschiedener Größe ineinander hinein und füllt sie bis zum oberen Rande des größeren Eimers mit Sägespänen nach. In den kleineren Eimer werden die Fläschchen mit Nahrung, umgeben von einigen Eisstückchen, gesetzt und mit dem Deckel des Eimers zugedeckt. Der Deckel der Kiste wird mit einigen Lagen Zeitungspapier beklebt.

> Die "Gramma"-Flasche ist geeignet

> Beachtet die Verbote und die Anordnungen des Arztes

Achtet auf die Vorschriften des Arztes!

Beim Durchfall holt den Arzt

Ihr müßt beim Flaschenkinde besonders die Vorschriften des Arztes befolgen, niemals öfter als verordnet die Flasche geben. Lieber weniger Nahrung in der heißen Zeit geben als zuviel. Tritt Durchfall ein, so laßt die Milch fort, gebt Tee (Fenchel-, Lindenblüten-, Pfefferminz-, einfachen Tee) ohne Milch, aber nicht länger als 12 Stunden, bis ein Arzt zu erreichen ist. In der heißen Jahreszeit hat der Säugling wie der Erwachsene Durst. Gebt ihm dann — er zeigt seinen Durst durch große Unruhe — abgekochtes Wasser oder dünnen Tee, möglichst ohne Zucker.

Kühlt Eure Wohnung.

Fort mit allen Federbetten

Zu warmes Einpacken oder ein überhitzter Raum machen den Säugling krank, daher fort mit den dicken Wickeltüchern, weg mit der Gummiunterlage! Ihr könnt im Sommer Euer Kleines fast nackt im Bettchen oder Korb strampeln lassen, eine leichte dünne Decke genügt zum Zudecken! Ihr müßt Eure Kinder vor den sie quälenden Fliegen schützen, indem Ihr einen leichten Schleier über Bettchen oder Korb legt.

Das beste und kühlste, häufig gelüftete Zimmer Eurer Wohnung ist für Euer Kind das geeignetste. Dieses Zimmer könnt Ihr noch kühler machen, wenn Ihr die Fensterscheiben häufig mit möglichst kühlem Wasser besprengt! Ihr dürft das Kind nicht in der heißen, feuchten Küche stehen haben! Hat Eure Wohnung kein kühles, schattiges Plätzchen, so versucht im Hause ein solches ausfindig zu machen (Keller), dort stellt Euer Kind hin. Könnt Ihr auch im Hause kein solches Plätzchen finden, so bringt das Kind möglichst viel an einen schattigen, nicht schwülen Ort im Freien, auch da darf es bloß liegen. Geringe Zugluft schadet Eurem Kinde im Sommer nichts! Ihr müßt Euer Kind im Sommer mindestens einmal täglich baden oder öfters mit kühlem Wasser waschen! Geeignete Nahrung, Sauberkeit und frische Luft sind zum Gedeihen des Kindes unbedingt erforderlich!

Badet Euer Kind

3.
Literaturverzeichnis.

Abramowski, Säuglingspflege im Lehrplan der Volksschule. Frauenbildung, Teubner, 11. Jahrg., 3. Heft.

v. Behr-Pinnow, Anträge für das Einschreiten des Staates usw. Zeitschr. f. Säuglingsschutz 1916, Heft 5, S. 271.

Belehrung der Bevölkerung. III. Internationaler Kongreß für Säuglingsschutz. S. 298 ff.

Bruck, Kurse über Säuglingspflege und Ernährung. Zeitschr. f. Säuglingsschutz 1911, Heft 3, S. 72; mit Plan.

Brüning, Über Ausstellungen für Säuglingsfürsorge. Deutsche med. Wochenschr. 1911, Nr. 36.

Gumprecht, Ein Merkblatt für die Gemeinden usw. Zeitschr. f. Säuglingsschutz 1912, Heft 12, S. 496.

Gürtler, Fortbildungs- und Haushaltungsschulen. III. Deutscher Kongreß f. Säuglingsfürsorge.

Hansen, Belehrung der Bevölkerung durch Museen für Säuglingspflege. Zeitschr. f. Kinderschutz und Jugendfürsorge, V. Jahrg. Heft 1.

Hecker, Das Wandermuseum der Bayerischen Zentrale für Säuglingsfürsorge. Blätter f. Säuglingsfürsorge III, S. 288.

— Über Einrichtungen von Wanderausstellungen der Säuglingsfürsorge. Zeitschr. f. Säuglingsfürsorge, Bd. 6, Nr. 8.

Institut für soziale Arbeit. Die weibliche Dienstpflicht. Enthält auch Rommel, Praktische Schulung in der Säuglings- und Kinderpflege. Verlag der Ärztl. Rundschau, Otto Gmelin, München.

Koebner, Das Wandermuseum der Zentrale für Säuglingsfürsorge in Bayern. Münch. med. Wochenschr. 1912, Nr. 33.

— Säuglingsfürsorge und Mädchenerziehung. Klin.-therapeut. Wochenschr. Nr. 14.

Leitsätze der Bayerischen Zentrale. Blätter für Säuglingsfürsorge IV, S. 298.

Leukert, Kinderpflege als Lehrgegenstand in den Mädchenschulen.

Zeitschr. f. Kinderschutz- u. Jugendfürsorge, VII. Jahrg., 1915, Heft 10, S. 231.

Liefmann, Säuglings- und Kinderpflege im Unterricht der weiblichen Jugend. Leitsätze! Zeitschr. f. Säuglingsschutz 1916, Heft 5, S. 277.

Moll, Über die Bedeutung moderner Kinderpflegebücher. Zeitschr. f. Kinderschutz u. Jugendfürsorge, III. Jahrg., Nr. 6.

Oselein, Säuglingsfürsorge auf dem Lande. Blätter f. Säuglingsfürsorge III, S. 16.

Peiper-Gercke, Säuglingspflege als Unterrichtsgegenstand in den Mädchenschulen mit Plan Greifswald. Zeitschr. f. Säuglingsschutz 1915, Heft 10, S. 473.

Pölchen, Säuglingspflege und Schule. Zeitschr. f. Säuglingsschutz 1912, Heft 8, S. 335.

Rosenhaupt, Säuglingspflege als Lehrgegenstand in den Unterrichtsanstalten für die weibliche Jugend. Zeitschr. f. Säuglingsschutz 1915, Heft 8, S. 356; Plan. Heft 9, S. 421; Heft 10, S. 380; Heft 11, S. 563.

Rosenhaupt-Gürtler, Säuglingspflege als Lehrgegenstand usw. III. Deutscher Kongreß f. Säuglingsfürsorge.

Raudnitz, Frauenkurse über Säuglings- und Kinderpflege. Prakt. med. Wochenschr., 38. Jahrg., 1913, Nr. 35.

Rott, Das Museum für Säuglingskunde. Zeitschr. f. Säuglingsschutz 1914, Heft 9, S. 323.

Steinhardt, Säuglingsfürsorge und Schule. Blätter f. Säuglingsfürsorge III, S. 16.

Steinke, Säuglingspflege als Unterrichtsgegenstand für die weibliche Jugend. Die Mittelschule, 30. Jahrg., Heft 4, S. 16; II, 1916.

Schönflies, Mütterbelehrung und Tagespresse. Zeitschr. f. Säuglingsschutz 1912, Heft 5, S. 200.

Thiersch, Unterricht von Volksschülerinnen in der Säuglingspflege. Zeitschr. f. Medizinalbeamte, 1914, Heft 22.

Trumpp, Lehrerinnenkurse. Blätter f. Säuglingsfürsorge, III, S. 76. Enthält Unterrichtsplan.

— Schulung der weiblichen Jugend in Kinderpflege und Hauswirtschaft. Süddeutsche Monatshefte, München, April 1916, Heft 7.

Wörner, Wanderausstellungen für Säuglingskunde. Blätter für Säuglingsfürsorge, 7. Jahrg., Heft 2.

Druck der Spamerschen Buchdruckerei in Leipzig

Verlag von Julius Springer in Berlin W 9

Pflege und Ernährung des Säuglings. Ein Leitfaden für Pflegerinnen und Mütter. Von Dr. **M. Pescatore.** Sechste Auflage (36.—42. Tausend). Bearbeitet von Prof. Dr. **Leo Langstein,** Direktor des Kaiserin Auguste Victoria-Hauses zur Bekämpfung der Säuglingssterblichkeit im Deutschen Reiche. 1916.
Einzelpreis kartoniert M. 1.20; von 20 Exempl. an M. 1,10; von 50 Exempl. an M. 1.—; von 100 Exempl. an M. —.90

Säuglingspflegefibel. Von Schwester **Antonie Zerwer.** Mit einem Vorwort von Prof. Dr. **Leo Langstein,** Direktor des Kaiserin Auguste Victoria-Hauses zur Bekämpfung der Säuglingssterblichkeit im Deutschen Reiche. Vierte, unveränderte Auflage. (51.—60. Tausend). 1916.
Einzelpreis kartoniert M. —.90; von 20 Exempl. an M. —.80; von 50 Exempl. an M. —.70; von 100 Exempl. an M. —.60

Säuglingsfürsorge, die Grundlage für Deutschlands Zukunft. Dringliche Aufgaben des Säuglingsschutzes. Von Professor Dr. **Leo Langstein,** Direktor des Kaiserin Auguste Victoria-Hauses zur Bekämpfung der Säuglingssterblichkeit im Deutschen Reiche. 1916.
Preis M. —.60

Der Beruf der Säuglingspflegerin. Deutsche und englische Säuglingspflege. — Die Pflegerinnenschulen Deutschlands. — Staatliche Vorschriften für die Ausbildung des Säuglingspflegepersonals. — Dienstanweisungen. Von Prof. Dr. **Leo Langstein,** Direktor des Kaiserin Auguste Victoria-Hauses zur Bekämpfung der Säuglingssterblichkeit im Deutschen Reiche, und Oberarzt Dr. **F. Rott,** Dirigent des Organisationsamtes für Säuglingsschutz im Kaiserin Auguste Victoria-Haus. 1915. Preis M. 1.20

Geburtenrückgang und Bekämpfung der Säuglingssterblichkeit. Von Dr. jur. von **Behr-Pinnow,** Dr. med. h. c. Kabinettsrat a. D. 1913. Preis M. 2.—

Säuglingsfürsorge und Kinderschutz in den europäischen Staaten. Ein Handbuch für Ärzte, Richter, Vormünder, Verwaltungsbeamte und Sozialpolitiker, für Behörden, Verwaltungen und Vereine. Unter Mitwirkung hervorragender Fachleute des In- und Auslandes herausgegeben von Prof. Dr. **Arthur Keller,** Berlin, und Prof. **Chr. J. Klumker,** Frankfurt a. M. Erster Band: Spezieller Teil. Mit 79 Textfiguren. 1912.
Preis M. 62.—; in Halbleder gebunden M. 67.—

Kinderpflege-Lehrbuch. Bearbeitet von Dr. med. **Arthur Keller,** Professor in Berlin, und Dr. med. **Walther Birk,** Privatdozent in Kiel. Mit einem Beitrage von Dr. med. **Axel Tagessohn Möller.** Zweite, umgearbeitete Auflage. Mit 40 Textabbildungen. 1914.
Kartoniert Preis M. 2.—

Zu beziehen durch jede Buchhandlung

Verlag von Julius Springer in Berlin W 9.

Fortschritte des Kinderschutzes und der Jugendfürsorge.
Vierteljahrshefte des Archivs deutscher Berufsvormünder. Herausgegeben von Professor Dr. **Chr. J. Klumker**-Wilhelmsbad.
Erster Jahrgang.
Heft 1: **J. F. Landsberg**, Vormundschaftsgericht und Ersatzerziehung. 1913. Preis M. 1.50
Heft 2: Dr. **A. Bender**, Der Schutz der gewerblich tätigen Kinder und der jugendlichen Arbeiter. 1914. Preis M. 1.50
Heft 3: **Joh. Petersen**, Anstalts- und Familienerziehung; **Hugo Keller**, Die deutsche Jugendfürsorge in Böhmen; **Chr. J. Klumker**, Geschichtliche Untersuchungen zur Kinder- und Jugendfürsorge. 1914. Preis M. 1.50
Heft 4: Dr. **H. Lomforde**, Die Unterhaltsklage des unehelichen Kindes im In- und Auslande. 1915. Preis M. 2.—
Zweiter Jahrgang.
Heft 1: Dr. **Hertha Siemering**, Fortschritte der deutschen Jugendpflege von 1913 bis 1916. 1916. Preis M. 2.40

Jahrbuch der Fürsorge.
Herausgegeben im Auftrage des Instituts für Gemeinwohl und der Zentrale für private Fürsorge in Frankfurt a. M. vom Archiv deutscher Berufsvormünder, Professor Dr. **Chr. J. Klumker**. Siebenter Jahrgang. 1914. Preis M. 8.—

Das Jugendgericht in Frankfurt a. M.
Bearbeitet von **Karl Allmenroeder**, Amtsgerichtsrat, Jugendrichter, Frankfurt a. M., Dr. **Wilhelm Polligkeit**, Direktor der Zentrale für private Fürsorge, Frankfurt a. M., Dr. **Ludwig Becker**, Staatsanwalt beim Jugendgericht, Frankfurt a. M., Professor Dr. **Heinrich Vogt**, Nervenarzt in Wiesbaden, früher Frankfurt a. M. Herausgegeben von Dr. **Berthold Freudenthal**, Professor der Rechte an der Akademie, Frankfurt a. M. 1912. Preis M. 6.—; in Leinwand gebunden M. 6.80

Grundriß der sozialen Hygiene.
Für Mediziner, Nationalökonomen, Verwaltungsbeamte und Sozialreformer. Von Dr. med. **Alfons Fischer**, Arzt in Karlsruhe i. B. 556 Seiten mit 70 Abbild. im Text. 1913. Preis M. 14.—; in Leinwand gebunden M. 14.80

Staatliche Mutterfürsorge und der Krieg.
Von Dr. med. **Alfons Fischer**, Karlsruhe. 1915. Preis M. —.40

Frauenarbeit und Familie.
Von **Edmund Fischer**, M. d. R. 1914. Preis M. 1.—

Gesundheit und Nachwuchs.
Von **Leo Burgerstein** in Wien. 1914. Preis M. 1.20

Zu beziehen durch jede Buchhandlung

Verlag von Julius Springer in Berlin W 9

Pflege und Ernährung des Säuglings. Ein Leitfaden für Pflegerinnen und Mütter. Von Dr. **M. Pescatore.** Sechste Auflage (36.—42. Tausend). Bearbeitet von Prof. Dr. **Leo Langstein,** Direktor des Kaiserin Auguste Victoria-Hauses zur Bekämpfung der Säuglingssterblichkeit im Deutschen Reiche. 1916.
Einzelpreis kartoniert M. 1.20; von 20 Exempl. an M. 1,10; von 50 Exempl. an M. 1.—; von 100 Exempl. an M. —.90

Säuglingspflegefibel. Von Schwester **Antonie Zerwer.** Mit einem Vorwort von Prof. Dr. **Leo Langstein,** Direktor des Kaiserin Auguste Victoria-Hauses zur Bekämpfung der Säuglingssterblichkeit im Deutschen Reiche. Vierte, unveränderte Auflage. (51.—60. Tausend.) 1916.
Einzelpreis kartoniert M. —.90; von 20 Exempl. an M. —.80; von 50 Exempl. an M. —.70; von 100 Exempl. an M. —.60

Säuglingsfürsorge, die Grundlage für Deutschlands Zukunft. Dringliche Aufgaben des Säuglingsschutzes. Von Professor Dr. **Leo Langstein,** Direktor des Kaiserin Auguste Victoria-Hauses zur Bekämpfung der Säuglingssterblichkeit im Deutschen Reiche. 1916.
Preis M. —.60

Der Beruf der Säuglingspflegerin. Deutsche und englische Säuglingspflege. — Die Pflegerinnenschulen Deutschlands. — Staatliche Vorschriften für die Ausbildung des Säuglingspflegepersonals. — Dienstanweisungen. Von Prof. Dr. **Leo Langstein,** Direktor des Kaiserin Auguste Victoria-Hauses zur Bekämpfung der Säuglingssterblichkeit im Deutschen Reiche, und Oberarzt Dr. **F. Rott,** Dirigent des Organisationsamtes für Säuglingsschutz im Kaiserin Auguste Victoria-Haus. 1915. Preis M. 1.20

Geburtenrückgang und Bekämpfung der Säuglingssterblichkeit. Von Dr. jur. von **Behr-Pinnow,** Dr. med. h. c. Kabinettsrat a. D. 1913. Preis M. 2.—

Säuglingsfürsorge und Kinderschutz in den europäischen Staaten. Ein Handbuch für Ärzte, Richter, Vormünder, Verwaltungsbeamte und Sozialpolitiker, für Behörden, Verwaltungen und Vereine. Unter Mitwirkung hervorragender Fachleute des In- und Auslandes herausgegeben von Prof. Dr. **Arthur Keller,** Berlin, und Prof. **Chr. J. Klumker,** Frankfurt a. M. Erster Band: Spezieller Teil. Mit 79 Textfiguren. 1912.
Preis M. 62.—; in Halbleder gebunden M. 67.—

Kinderpflege-Lehrbuch. Bearbeitet von Dr. med. **Arthur Keller,** Professor in Berlin, und Dr. med. **Walther Birk,** Privatdozent in Kiel. Mit einem Beitrage von Dr. med. **Axel Tagessohn Möller.** Zweite, umgearbeitete Auflage. Mit 40 Textabbildungen. 1914.
Kartoniert Preis M. 2.—

Zu beziehen durch jede Buchhandlung

MIX
Papier aus verantwortungsvollen Quellen
Paper from responsible sources
FSC® C105338

If you have any concerns about our products,
you can contact us on
ProductSafety@springernature.com

In case Publisher is established outside the EU,
the EU authorized representative is:
**Springer Nature Customer Service Center GmbH
Europaplatz 3, 69115 Heidelberg, Germany**

Printed by Libri Plureos GmbH
in Hamburg, Germany